もくじと学習の記録

JN046321

本書に関する最新情報は，当社ホームページにある**本書の「サポート情報」**をご覧ください。（開設していない場合もございます。）

1 大きい数のしくみ

標準クラス

1 次の問いに答えなさい。

(1) 3407681002 を漢字で書きなさい。また，この数で，十億の位の数字を書きなさい。

漢字 (　　　　　　　　　　　　)

十億の位 (　　　　　　　　　　)

(2) 2034720033905 を漢字で書きなさい。また，この数で，百億の位の数字を書きなさい。

漢字 (　　　　　　　　　　　　)

百億の位 (　　　　　　　　　　)

2 次の問いに答えなさい。

(1) 45000 を 10 倍した数はいくつですか。

(　　　　　　　　　　)

(2) 8億を 10 でわった数はいくつですか。

(　　　　　　　　　　)

3 次の問いに答えなさい。

(1) 1億より5小さい数を数字で書きなさい。

（　　　　　　　　　　　　　）

(2) 1億より6000小さい数を数字で書きなさい。

（　　　　　　　　　　　　　）

(3) 1億より200小さい数を数字で書きなさい。

（　　　　　　　　　　　　　）

4 ある市で，運動公園を2か所につくることになりました。Aの運動公園をつくるのに7億8000万円，Bの運動公園をつくるのに8億3000万円かかります。合わせていくらかかりますか。

（　　　　　　　　　　　　　）

5 ある会社の今年1年間の売り上げは，13億3579万円でした。これは去年の売り上げより1億8309万円多いそうです。去年の売り上げはいくらでしたか。

（　　　　　　　　　　　　　）

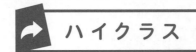

1 大きい数の しくみ ハイクラス

時 間	25分	とく点
合かく	80点	点

答え▶別さつ1ページ

1 1億より90小さい数を数字と漢字で書きなさい。(10点/1つ5点)

数字 (　　　　　　　　　　　)

漢字 (　　　　　　　　　　　)

2 次の数を数字で書きなさい。(40点/1つ10点)

(1) 1億より1小さい数と，10億より1000大きい数を合わせた数

(　　　　　　　　　　　)

(2) 10億より30小さい数と，100億より10億小さい数を合わせた数

(　　　　　　　　　　　)

(3) 100億より100小さい数と，1000億の差

(　　　　　　　　　　　)

(4) 10億を250こと，1000万を250こと，10万を6000こと，1000を340こ合わせた数

(　　　　　　　　　　　)

3 1年間の予算は，A県では 9427億 6000万円，B県では 6839億円でした。2つの県の予算のちがいを求めなさい。(10点)

(　　　　　　　　　　　)

4 0から9までの 10この数字を 1つずつ使って，10けたの数をつくります。(10点/1つ5点)

(1) いちばん大きい数を書きなさい。

(　　　　　　　　　　　)

(2) いちばん小さい数を書きなさい。

(　　　　　　　　　　　)

5 0，2，4，6，8の 5この数字を 1つずつ使って，5けたの数をつくります。(30点/1つ10点)

(1) いちばん小さい数といちばん大きい数を合わせた数を書きなさい。

(　　　　　　　　　　　)

(2) いちばん小さい数といちばん大きい数のちがいはいくつですか。

(　　　　　　　　　　　)

(3) 8万に近い数を，近い順に 2つ書きなさい。

(　　　　　　　　　　　)

2 計算の順じょときまり

標準クラス

1 次の問題を1つの式に表して，答えも求^{もと}めなさい。

(1) たくみさんは，148円のジュースと115円のパンを買って，500円出しました。おつりはいくらですか。
(式)

答え（　　　　　　　　）

(2) 120円のクッキーと360円のケーキをそれぞれ4こずつ買いました。何円はらいましたか。
(式)

答え（　　　　　　　　）

(3) りんごを3こ買いました。1こ200円でしたが，1こあたり25円安くしてくれました。何円はらいましたか。
(式)

答え（　　　　　　　　）

(4) 花子さんは，500ページの本を今までに140ページ読みました。残^{のこ}りを9日間で読み終わるためには，1日何ページ読めばよいですか。
(式)

答え（　　　　　　　　）

(5) 1箱に，ボールをたてに2こ，横に3こならべています。66このボールを箱に入れるためには，箱がいくつあればよいですか。
(式)

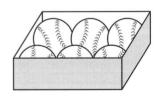

答え（　　　　　　　　）

2 １つの式に表して，答えを求めなさい。

(1) 4に，5と7の和をかけ，その積を12と4の差でわる。

(式)

答え（　　　　　　　　　）

(2) 54を9.8と3.8の差でわる。そして，その商に7.3と3.9の差をたす。

(式)

答え（　　　　　　　　　）

3 次の□にあてはまる数を求めなさい。

(1) 下のように，たてと横に，○と●をならべていきます。

　　　　○は，1+2+3　　　1+2+3+4　　　1+2+3+4+5

○の数は，●の数と○の数を合わせた数の半分なので，

1+2+3=□ア□×□イ□÷2

1+2+3+4=□ウ□×□エ□÷2

1+2+3+4+5=□オ□×□カ□÷2

ア（　　）イ（　　）ウ（　　）エ（　　）オ（　　）カ（　　）

(2) (1)の考え方を使うと，次のようになります。

1+2+3+4+5+6+7+8+9+10=□キ□×□ク□÷2

キ（　　）ク（　　）

(3) (2)の考え方を使って，次の計算をしなさい。

1+2+3+4+5+6+7+8+9+10+11+12+13+14+15+16+17+18+19+20=□

（　　　　　　　　　）

2 計算の順じょときまり → ハイクラス

答え ▶ 別さつ2ページ

時 間	25分	とく点
合かく	80点	点

1 次の問題を1つの式に表して，答えを求めなさい。(20点/1つ10点)

(1) 1人に，145円のノート2さつと，125円のえん筆を3本買います。16人分では何円になりますか。1つの式に表して，答えを求めなさい。
(式)

答え（　　　　　　　）

(2) 3mのひもを使って，たて13cm，横7cmの長方形をつくります。長方形は何こできて，ひもは何cmあまりますか。
(式)

答え（　　　　　　　）

2 ある数を□にして式を書き，ある数を求めなさい。(40点/1つ10点)

(1) ある数に5をたして，3倍すると，39になります。
(式)

答え（　　　　　　　）

(2) ある数を4でわって，その商に15をたすと，28になります。
(式)

答え（　　　　　　　）

(3) 93をある数でわって，9をかけると279になります。
(式)

答え（　　　　　　　）

(4) 131からある数の4倍をひくと，23になります。
(式)

答え（　　　　　　　）

3 次の ☐ にあてはまる数を求めなさい。(20点/1つ10点)

(1) 右の図のように, たてと横に4こずつならんだ○と●
を, 7つの部分に分けることにより,

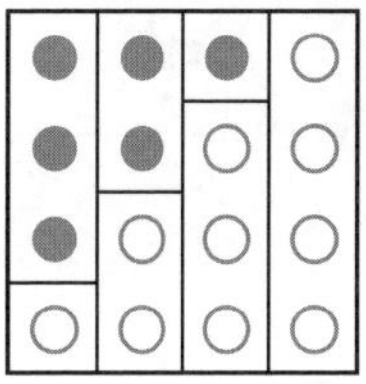

$1+2+3+4+3+2+1=$ ア $\times$ ア

です。同じように考えると,

$1+2+3+4+5+4+3+2+1=$ イ $\times$ イ

$1+2+3+4+5+6+7+8+9+10+9+8+7+6+5+4+3+2+1$

$=$ ウ $\times$ ウ

ア ( ) イ ( ) ウ ( )

(2) (1)の考え方を使うと, 次のようになります。

$1+2+3=($ エ $\times$ エ $-$ オ $)\div$ カ

$1+2+3+4=($ キ $\times$ キ $-$ ク $)\div$ カ

$1+2+3+4+5+6+7+8+9=($ ケ $\times$ ケ $-$ コ $)\div$ カ

エ ( ) オ ( ) カ ( ) キ ( )

ク ( ) ケ ( ) コ ( )

4 [A, B]はAをBでわったときの商とあまりの和を表すものとします。
例えば, [13, 5]は13÷5の商が2, あまりが3なので,

[13, 5]=2+3=5

です。このとき, 次の問いに答えなさい。(20点/1つ10点)　　　　〔関西大北陽中〕

(1) [27, 4]を求めなさい。

( )

(2) [☐, 4]=4 となるとき, ☐に入る数をすべて求めなさい。

( )

3 がい数と見積もり

1 下の表は，ある年の日本の地いき別人口です。

(1) それぞれの地いき別人口を，四捨五入して，百万の位までのがい数にしなさい。

地いき別人口(人)

北海道	5691737
本州	100888319
四国	4209749
九州	14778230

北海道 (　　　　　　　　　)

本州 (　　　　　　　　　)

四国 (　　　　　　　　　)

九州 (　　　　　　　　　)

(2) 北海道の人口と九州の人口の差は，およそ何百万人ですか。(1)のがい数から求めなさい。

(　　　　　　　　　)

(3) 本州の人口は，北海道と四国を合わせた人口のおよそ何倍といえばいいですか。(1)のがい数から求めなさい。

(　　　　　　　　　)

2 図書館の本のさっ数をぼうグラフに表そうと思います。
十の位を四捨五入して，100 さつを 1 目もりにします。それぞれの
種類の本は何目もりになりますか。表に目もりの数を書きなさい。

図書館の本のさっ数

	文学	動物	社会
さっ数(さつ)	5741	850	1367
目もりの数			

3 買い物に行きました。1780 円のかい中電灯と 3390 円の時計と
990 円のごみ箱を買おうと思います。何千円持っていれば買えます
か。それぞれの代金をがい数にして，答えを見積もりなさい。

(　　　　　　　　)

4 594548 を四捨五入したら，595000 になりました。どの位を四捨
五入したのですか。

(　　　　　　　　)

5 639371 を四捨五入したら，640000 になりました。どの位を四捨
五入したのですか。

(　　　　　　　　)

6 四捨五入して，千の位までのがい数にしたとき，15000 になる整数
のうち，いちばん小さい数といちばん大きい数を書きなさい。

いちばん小さい数 (　　　　　　　　)

いちばん大きい数 (　　　　　　　　)

3 がい数と 見積もり

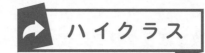

ハイクラス

1 A小学校の人数は，男子が 374 人，女子が 376 人です。

(1) 男子の人数と女子の人数をそれぞれ四捨五入して，十の位までのがい数にしなさい。(10点/1つ5点)

男子 (   )   女子 (   )

(2) A小学校の人数を四捨五入して，上から1けたのがい数にしなさい。

(10点)

(   )

2 ある日の野球場の入場者数を四捨五入して，千の位までのがい数に表すと 52000 人でした。本当の入場者数は，何人以上何人以下といえばいいですか。正しいほうに○をしなさい。(10点)

51500
51501

人以上

52499
52500

人以下

3 四捨五入して，千の位までのがい数に表すと 8000 になる数のはんいを表すとき，次のアとイはどちらが正しいですか。そのわけも答えなさい。(15点)

ア 7500 以上 8499 以下
イ 7500 以上 8500 未満

答え (   )

わけ (   )

4 一の位を四捨五入すると 50 になる整数で，4 でわり切れる数は何こありますか。(10点)

(　　　　　　　　)

5 アメリカにある自由の女神の高さは 46 m で，本州と九州を結ぶ関門橋の長さは 1068 m あります。関門橋の長さは，自由の女神の高さのおよそ何倍だといえますか。上から 1 けたのがい数にして計算しなさい。(15点)

(　　　　　　　　)

6 次の市のある年の人口を千の位までのがい数で表し，ぼうグラフをつくります。1000 人を 1 mm で表すと，それぞれ何 cm になりますか。

(15点/1つ5点)

(1) 名古屋市　2154287 人

(　　　　　　　　)

(2) 広島市　1142572 人

(　　　　　　　　)

(3) 北九州市　986755 人

(　　　　　　　　)

7 39654 を上から 2 けたのがい数にするはずが，上から 3 けたのがい数にしてしまいました。正しい答えとまちがった答えの和と差を求めなさい。(15点)

和 (　　　　　　) 　差 (　　　　　　)

4 わり算の文章題

標 準 ク ラ ス

1 500円持っています。すべてを50円玉に両がえしたら，50円玉は何こになりますか。

(　　　　　)

2 158ページの本があります。毎日8ページずつ読んでいくと，最後まで読むのには何日かかりますか。

(　　　　　)

3 えん筆が96本あります。これを1ダースの箱につめていくと，箱はいくついりますか。

(　　　　　)

4 3m50cmのひもがあります。これを15cmずつに切って分けようと思います。ひもは何本できて，何cmあまりますか。

(　　　　　)

5 124 このボールを9こずつ箱につめていきました。しかし，最後の箱は，9こになりませんでした。最後の箱のボールの数は何こになりましたか。

(   )

6 45 L の水があります。これを 15 dL 入りのペットボトルにつめて，持って帰ろうと思います。ペットボトルは何本用意すればよいですか。

(   )

7 ビー玉 250 こをふくろに入れていきます。1ふくろに 15 こずつ入れると，ふくろは何まい必要ですか。また，ビー玉は何こあまりますか。

(   )

8 遠足で，山に登ります。1こ 45 円のあめをちょう上で配ろうと思い，人数分のあめを買ったら 9450 円でした。遠足に行く人数は，何人ですか。

(   )

9 ある数を 45 でわるのをまちがえて，54 でわってしまったので，商が 26 であまりが 36 になりました。正しいわり算の答えの求め方を式とことばで説明しなさい。

(   )

答え▶別さつ4ページ

時間	25分	とく点
合かく	80点	点

4 わり算の文章題 ハイクラス

1 297 さつの本を，1 回に 15 さつずつ運びます。18 回運び終わりました。あと何回運べばよいですか。(10 点)

(　　　　)

2 ある数を 13 でわるのをまちがえて，13 をかけたので，10140 になりました。正しい答えを求(もと)めなさい。(10 点)

(　　　　)

3 野球のボールを箱につめます。まず 6 こずつ箱につめて，次に，その箱を 8 箱ずつだんボールにつめます。720 この野球のボールをつめるのには，だんボールは何こ必要(ひつよう)ですか。(10 点)

(　　　　)

4 たて 45 m，横 25 m の広さの体育館があります。まわりに 5 m おきに旗(はた)を立てていきます。旗は，全部で何本いりますか。(10 点)

(　　　　)

5 150 円のボールペンを 4 本と，95 円のえん筆を何本か買って 2000 円はらうと，おつりが 70 円でした。えん筆を何本買ったか求めなさい。(10 点)

(　　　　)

6 ある工場では，1時間に 900 この部品をつくっています。14400 この注文を受けました。何時間でつくることができますか。
また，部品は 160 こずつ箱につめていきます。箱は何箱用意すればよいですか。(10点/1つ5点)

(   )

(   )

7 今日は月曜日です。600 日後は何曜日になりますか。(10点)

(   )

8 Aさんが自分の家から学校まで歩くと，歩数は 1000 歩でした。これは，Aさんの家からBさんの家までの歩数の 5 倍です。Aさんの歩はばを 63cm とすると，2人の家は何 m はなれていますか。(10点)

(   )

9 博物館の入場料は，子どもは大人の半がくです。大人 3 人，子ども 3 人で 3600 円はらいました。大人 1 人分の入場料は何円ですか。
(10点)

(   )

10 1，2，3，……のように続いている 3 つの整数があります。3 つの整数の合計は 222 です。この 3 つの整数を求めなさい。(10点)

(   )

5 小数の計算

1 次の □ にあてはまるものを，**ア〜エ**から選びなさい。

(1) 家から学校まで歩いて20分です。きょりは □ です。

ア 1500 mm　　**イ** 0.1 m　　**ウ** 1.1 km　　**エ** 0.1 km

(　　　　　)

(2) ハンカチの1辺の長さは □ です。

ア 30 mm　　**イ** 0.3 cm　　**ウ** 0.3 m　　**エ** 0.3 km

(　　　　　)

2 次の □ にあてはまる数を書きなさい。

(1) 0.01が12こと，10が24こで □ です。

(2) 2.97は，0.01が □ こ集まった数です。

(3) 0.02を □ こ集めた数は4です。

(4) 135 mは □ km です。

3 けい子さんの体重は，お姉さんより4.7 kg軽く，妹より12.4 kg重いそうです。妹の体重は15.6 kgです。お姉さんの体重を求めなさい。

(　　　　　)

4 空きかん拾いをしました。1ぱんは 2.45 kg, 2はんは 0.98 kg, 3 ぱんは 1.38 kg 拾いました。みんなで何 kg 拾いましたか。

(　　　　　　)

5 お楽しみ会でかざる輪かざりを7人でつくります。1人が 2.3 m ずつ つくると，合わせて何 m の輪かざりができますか。

(　　　　　　)

6 かんづめが 29 こあり，1この重さは 0.67 kg です。かんづめ全部の 重さは何 kg になりますか。

(　　　　　　)

7 まさおさんたちは，0.24 kg のさとうを4人で同じように分けようと 思います。1人分のさとうは何 kg になりますか。

(　　　　　　)

8 ひもが 18.72 m あります。同じ長さになるように8人で分けると， 1人分は何 m になりますか。

(　　　　　　)

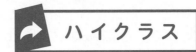
1 3 m 45 cm と 7.32 m のひもを結ぶと，980 cm になりました。結び目には，何 m 使いましたか。(10点)

(　　　　　)

2 けんじさんの家から学校まで往復で，3.08 km あります。
1年間(365日)毎日，家と学校の間を往復して歩くとすると，何 km 歩くことになりますか。(10点)

(　　　　　)

3 箱に百科事典4さつを入れて重さをはかったら，10.5 kg ありました。箱の重さは 1.1 kg です。百科事典1さつの重さは何 kg ですか。(10点)

(　　　　　)

4 1こ 0.25 kg のりんご17こを箱に入れて重さをはかると，4.9 kg でした。箱の重さは何 kg ですか。(10点)

(　　　　　)

5 36.24 m のテープがあります。このテープを 7 m ずつ切ると，7 m のテープは何本できますか。また，何 m あまりますか。(10点)

(　　　　　)

6 5.6 km のランニングコースに，14 このコーンを同じきょりになるように，置いていこうと思います。何 km おきにコーンを置くとよいですか。（スタートにはコーンは置きません。）(10点)

( )

7 牧場の道の両側にくいを同じように打ちます。3.8 m おきに，はしからはしまで打つと，両側で 140 本打てます。道の長さは何 m ですか。

(10点)

( )

8 1，3，5，7，9 の 5 つの数字を使って小数第四位までの数をつくります。2 番目に大きい数と 2 番目に小さい数の和を求めなさい。(10点)

( )

9 ある数に 13 をかけるところを，まちがえて 13 でわったので，答えが 34.4 になりました。ある数を求めなさい。また，正しく計算したときの答えを求めなさい。(20点/1つ10点)

ある数 ( )

正しい答え ( )

答え▶別さつ6ページ

6 分数のたし算とひき算

標準クラス

1 ひろしさんは，おとといは $\frac{3}{5}$ 時間，きのうは $\frac{2}{5}$ 時間，今日(きょう)は $\frac{4}{5}$ 時間勉強しました。ひろしさんは，3日間で何時間勉強しましたか。

(　　　　　　)

2 よう子さんは，3日間牛にゅうを飲みました。1日目は $\frac{6}{7}$ L，2日目は $\frac{3}{7}$ L，3日目は $\frac{2}{7}$ L 飲みました。全部で何 L 飲みましたか。

(　　　　　　)

3 ジュースが 1 L あります。ゆき子さんは $\frac{3}{10}$ L，さゆりさんは $\frac{1}{10}$ L 飲みました。あと何 L 残(のこ)っていますか。

(　　　　　　)

4 輪(わ)かざりをつくっています。きのうは $4\frac{2}{5}$ m，今日は $2\frac{1}{5}$ m できました。合わせて何 m になりましたか。

(　　　　　　)

5 まいさんの家には，4 L のジュースがありました。きのうは家族で $1\frac{5}{6}$ L 飲み，今日は $1\frac{1}{6}$ L 飲みました。あと何 L 残っていますか。

(　　　　　　)

6 $3\frac{3}{8}$ kg のさとうを入れ物に入れてはかると，$4\frac{1}{8}$ kg でした。入れ物の重さは何 kg ですか。

(　　　　　　)

7 みえさんの家から学校までは $1\frac{3}{7}$ km あります。くみさんの家からみえさんの家までは $1\frac{5}{7}$ km あります。くみさんが，みえさんの家を通って学校へ行くと，何 km ありますか。

(　　　　　　)

8 赤いリボンが $\frac{13}{9}$ m あります。青いリボンは $5\frac{4}{9}$ m あります。どちらのリボンがどれだけ長いですか。

(　　　　　　　　　　　)

9 ㋐のびんには $2\frac{1}{10}$ L の油が，㋑のびんには 1.9 L の油が入っています。2 つのびんを合わせると，油は何 L になりますか。

(　　　　　　)

6 分数のたし算 とひき算

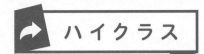

1 ある日の, 昼の長さは $12\frac{5}{6}$ 時間です。夜の長さは何時間ですか。

(10点)

(   )

2 ある日, 工作で紙テープを 0.7m 使いました。次の日は $\frac{8}{10}$ m 使いました。使った紙テープは何 m ですか。分数で答えなさい。(10点)

(   )

3 家に, お米が 1.7kg あります。おばあさんの家から, お米が $12\frac{7}{10}$ kg 送られてきました。家にお米は何 kg ありますか。分数で答えなさい。(10点)

(   )

4 リボンが 7m あります。お楽しみ会のペンダントをつくるのに, 1 人分に $\frac{8}{5}$ m 使います。(20点/1つ10点)

(1) 3 人分では, 何 m 使いますか。

(   )

(2) 残っているリボンは何 m ですか。

(   )

5 3本のひもを結んで，長いひもをつくろうと思います。2つの結び目にそれぞれ $\frac{1}{5}$ m 使います。それぞれのひもの長さは，$\frac{11}{5}$ m，$\frac{9}{5}$ m，$\frac{3}{5}$ m です。何 m のひもができますか。(10点)

(   )

6 2 m のひもを 0.5 m ずつに切ろうと思ったら，まちがえて 0.6 m ずつに切ってしまい，はんぱが出てしまいました。はんぱの長さを分数で答えなさい。(10点)

(   )

7 ア～エのかさの中で，かさが同じものはどれですか。同じものを，すべて記号で答えなさい。(10点)

ア $\left(\frac{1}{3} \text{ L}, \ \frac{2}{6} \text{ L} \right)$ イ $\left(\frac{1}{2} \text{ L}, \ 0.2 \text{ L} \right)$

ウ $\left(\frac{2}{5} \text{ L}, \ \frac{5}{10} \text{ L} \right)$ エ $\left(\frac{1}{2} \text{ L}, \ \frac{2}{4} \text{ L} \right)$

(   )

8 たての長さが 3.1 m，横の長さが $5\frac{4}{10}$ m の長方形があります。

(20点/1つ10点)

(1) この長方形のたてと横の長さの差は何 m ですか。分数で答えなさい。

(   )

(2) この長方形のまわりの長さは何 m ですか。

(   )

チャレンジテスト①

答え▶別さつ7ページ

時 間	25分	とく点
合かく	80点	点

1 次の数を書きなさい。(15点/1つ5点)

(1) 100兆を10こと, 1万を10000こ集めた数

(　　　　　　)

(2) 1億より50小さい数

(　　　　　　)

(3) 1000億の1万倍の数

(　　　　　　)

2 1234を1億倍しました。2の数字は何の位になりますか。(10点)

(　　　　　　)

3 たけしさんは, 1km走ることにしました。トラックは1周115mです。何周と何m走ればよいですか。(10点)

(　　　　　　)

4 記号〔 〕は,〔 〕の中に入っている数と, その数より0.5大きい数との和を表すことにします。例えば,〔5〕=5+5.5=10.5になります。

(1)〔3.27〕を求めなさい。(5点)

(　　　　　　)

(2)〔6.61〕−$\left[\dfrac{9}{10}\right]$を求めなさい。(10点)

(　　　　　　)

5 アには，＋，－，×，÷ のうちどれかが入ります。イには，ある整数
が入ります。アとイにあてはまるものを答えなさい。(10点)　　〔筑波大附中〕

12 [ア] [イ] ＝1212
31 [ア] [イ] ＝3131
59 [ア] [イ] ＝5959

ア（　　　）イ（　　　）

6 1mの長さのテープから，まず $\frac{2}{15}$ mの長さのテープを1本切り取
りました。次に，$\frac{6}{15}$ mの長さのテープを2本切り取りました。残り
のテープの長さは何mですか。(10点)

（　　　　　　　　）

7 ある分数から $\frac{4}{9}$ をひくところを，まちがえてたしたので，答えが1
になりました。ある分数はいくつですか。また，正しく計算したとき
の答えを求めなさい。(15点)

分数（　　　　　　　）　正しい答え（　　　　　　　）

8 ある数に56をかけた数から15.9をひくと56.9になります。ある
数はいくつですか。(15点)

（　　　　　　　　）

答え▶別さつ7ページ

時間 25分	とく点
合かく 80点	点

チャレンジテスト②

1 1 km 50 m の道にロープをはろうと思います。ロープの長さは1本380 m です。ロープは，何本必要(ひつよう)ですか。ただし，結(むす)び目の部分の長さは考えないものとします。(10点)

(　　　　　)

2 ケーキのねだんは2100円で，クッキーのねだんの3倍です。クッキーのねだんはチョコレートのねだんの2倍です。(20点/1つ10点)

(1) チョコレートは何円ですか。

(　　　　　)

(2) ケーキのねだんは，チョコレートのねだんの何倍ですか。

(　　　　　)

3 ある数の小数第二位(い)を四捨五入(ししゃごにゅう)してがい数にすると26.3になります。ある数のはん囲(い)を「以上(いじょう)」，「未満(みまん)」を使って書きなさい。(10点)

(　　　　　)

4 十の位で四捨五入して，31000と20800になる2つの数の和は，いくつ以上いくつ未満ですか。(10点)

(　　　　　)

5　ある整数を 19 でわって小数第 1 位を四捨五入すると，8 になりました。考えられるある整数のうち，もっとも大きいものはいくつですか。

(15 点)〔関西大第一中〕

（　　　　　　　）

6　1 m の重さが 5.4 kg の鉄のぼう 7 m 分と，同じ鉄のぼう 14 m 分を合わせた重さは何 kg ですか。(10 点)

（　　　　　　　）

7　たかしさんとゆう子さんが，1 km はなれたところから，おたがいに近づくように同時に歩き始めました。10 分後，たかしさんは $\frac{6}{13}$ km，ゆう子さんは $\frac{4}{13}$ km 歩きました。2 人の間のきょりは何 km ですか。

(10 点)

（　　　　　　　）

8　ある小数に，その小数の小数点を 1 けた右にうつしてできる小数をたすと，105.16 になります。ある小数はいくつですか。(15 点)　〔京華中〕

（　　　　　　　）

7 整理のしかた

標準クラス

1 次の表は，みさきさんの学校で，月曜日から金曜日までの学年別の欠席者数（せきしゃすう）を調べたものです。

学年 ＼ 曜日	月	火	水	木	金	合計
1	4	3	6	8	6	
2	1	2	9	2	3	
3	5	0	1	3	2	
4	2	0	3	6	1	
5	3	6	1	7	4	
6	4	6	8	1	5	
合計						㋐

(1) 木曜日の4年生の欠席者数は何人ですか。

( )

(2) 欠席者がいちばん多いのは，何曜日の何年生ですか。

( )

(3) 曜日ごとの合計と学年ごとの合計を，それぞれ表に書き入れなさい。

✎(4) ㋐のらんに入る数は何を表していますか。また，いくつになりますか。

( )

2 1から40までの整数について，次の問いに答えなさい。

(1) 4でわり切れる数をすべて書きなさい。

(　　　　　　　　　　　　　　　　　　　　　　)

(2) 6でわり切れる数をすべて書きなさい。

(　　　　　　　　　　　　　　　　　　　　　　)

(3) 4でも6でもわり切れる数をすべて書きなさい。

(　　　　　　　　　　　　　　　　　　　　　　)

(4) (1)，(2)，(3)をもとにして，次の表のあいているところに，あてはまる
整数がいくつあるか書きなさい。

1から40までの整数調べ

6でわる ＼ 4でわる	わり切れる	わり切れない	計
わり切れる	3		
わり切れない			
計			

3 計算テストと漢字テストの結果をまとめました。それぞれの人は，下の表のどこにあてはまるか，**ア〜ケ**の記号で答えなさい。

計算と漢字テストの結果

	かずお	みちこ	やすお	ともこ	よしこ	けんじ	あきら	あやか	とおる	さおり
計算のとく点	100	85	79	95	89	73	80	90	88	99
漢字のとく点	80	100	79	90	79	97	90	90	88	80

記号→(　) (　) (　) (　) (　) (　) (　) (　) (　) (　)

漢字 ＼ 計算	90点以上	80点以上90点未満	80点未満
90点以上	ア	イ	ウ
80点以上90点未満	エ	オ	カ
80点未満	キ	ク	ケ

7 整理のしかた ➡ ハイクラス

時間 25分　とく点

合かく 80点　　　点

1　1から90までの整数について，次の表を完成しなさい。表の中には，あてはまる整数がいくつあるかが入ります。(18点/1つ2点)

8でわる　＼　6でわる	わり切れる	わり切れない	計
わり切れる			
わり切れない			
計			

2　クラスで遊び大会をしました。カルタ・けん玉・こまのうち，2種類の遊びを選ぶことができます。ただし，同じ遊びを2回選ぶことはできません。1回目の後，2回目をしました。1回目にけん玉，2回目にカルタを選んだ人は7人いました。

＼	1回目	2回目	計
カルタ	6	8	14
けん玉	10	10	20
こま	9	7	16
計	25	25	50

(1) クラスの人数は何人ですか。(5点)

(　　　　　　　　)

(2) 1回目にけん玉，2回目にこまを選んだ人は何人ですか。(6点)

(　　　　　　　　)

(3) 1回目にこま，2回目にカルタを選んだ人は何人ですか。(6点)

(　　　　　　　　)

(4) 1回目にこま，2回目にけん玉を選んだ人は何人ですか。(6点)

(　　　　　　　　)

(5) 1回目にカルタ，2回目にけん玉を選んだ人は何人ですか。(6点)

(　　　　　　　　)

3 ある学校の児童の50人の中で，兄・弟がいるかどうかを調べました。すると，弟がいる人は31人，両方いる人は13人，兄だけいる人は9人でした。

(1) 次の表を完成しなさい。(18点/1つ2点)

弟＼兄	いる	いない	計
いる			
いない			
計			

(2) 弟だけがいる人は何人ですか。(5点)

(   )

(3) 兄がいない人は何人ですか。(5点)

(   )

(4) 両方いない人は何人ですか。(5点)

(   )

4 ある4年生のクラス30人の全員が算数のテストを受けました。問題は3問あり，1問目が正しいときは1点，2問目が正しいときは2点，3問目が正しいときは4点もらえます。次の表は，テストの点数ごとの人数をまとめたものです。(20点/1つ10点)

点数(点)	0	1	2	3	4	5	6	7
人数(人)	2	1	7	5	2	3	4	6

(1) 第1問と第3問だけができた人は何人ですか。

(   )

(2) 第1問ができた人は全部で何人ですか。

(   )

8 折れ線グラフ

1 右の折れ線グラフは，ある学校の4年生のけがをした人数を，月ごとに表したものです。

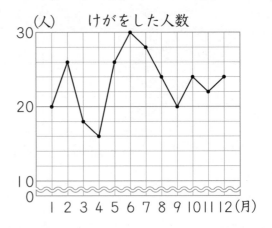

(1) たての1目もりは何人ですか。

(　　　　　　　　　)

(2) 10月のけがをした人数は何人ですか。

(　　　　　　　　　)

(3) けがをした人数がいちばん多かったのは何月ですか。また，それは何人ですか。

(　　　　　　　　　)

(4) 前の月にくらべて，ふえ方がいちばん大きいのは何月ですか。また，何人ふえましたか。

(　　　　　　　　　)

(5) 前の月にくらべて，へり方がいちばん大きいのは何月ですか。また，何人へりましたか。

(　　　　　　　　　)

2 次のア～エで，折れ線グラフに表すとよいのはどれですか。

ア けがの原いんを種類別に表す。

イ 同じ日に調べたクラス全員の身長を表す。

ウ ある町の 10 年間の人口のうつり変わりを表す。

エ 同じ時こくに調べた各教室の温度を表す。

(   )

3 次の図は折れ線グラフのかたむきぐあいを表したものです。下の（　）にあてはまる記号を入れなさい。

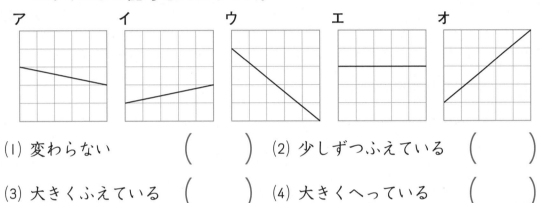

ア　　　　　イ　　　　　ウ　　　　　エ　　　　　オ

(1) 変わらない (   )　 (2) 少しずつふえている (   )

(3) 大きくふえている (   )　 (4) 大きくへっている (   )

4 右の表は，5月に生まれた赤ちゃんの体重を表しています。下に折れ線グラフでかきなさい。

月	5	6	7	8	9
体重(kg)	3.4	4.0	5.6	6.3	7.5

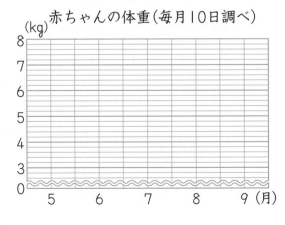

赤ちゃんの体重（毎月10日調べ）

8 折れ線グラフ ➡ ハイクラス

1 右の折れ線グラフは，ある農家の米のとれ高のうつり変わりを表したものです。(20点/1つ10点)

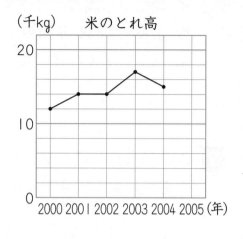

(千kg)　米のとれ高

(1) 2003年のとれ高はどれだけですか。

(　　　　　　　)

(2) 2005年には，18千kgのとれ高がありました。2001年よりどれだけ多くとれましたか。

(　　　　　　　)

2 1さつの本を月曜日から1週間読んで，1日に読んだページ数を折れ線グラフにしました。次の(1)から(5)の文は，何曜日の説明ですか。(40点/1つ8点)

1日に読んだページ数
(ページ)

(1) 前日との差がいちばん大きい。

(　　　)曜日

(2) 前日にくらべ，2ページふえた。

(　　　)曜日

(3) 前日にくらべ，4ページふえた。 (　　　)曜日

(4) 前日にくらべ，へり方がいちばん大きい。 (　　　)曜日

(5) 月曜日から読み始めて30ページ目を読んでいる。 (　　　)曜日

✎ **3** 次のア～オのグラフで，ふえ方がいちばん大きいのはどれですか。そのわけも説明しなさい。(20点/1つ10点)

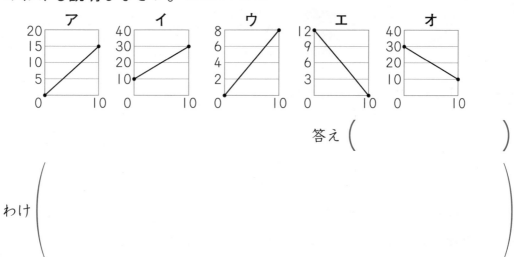

答え（　　　　　　　　　　　）

わけ（　　　　　　　　　　　　　　　　　　　　　　　　　）

4 下の表は，あきとさんとたくみさんの去年の9月からの体重を表したものです。

あきとさんとたくみさんの体重

月	9	10	11	12	1	2	3	4
あきと(kg)	25.6	26.8	27.0	27.4	27.6	27.8	28.5	29.6
たくみ(kg)	25.8	26.2	26.5	26.8	27.8	28.4	29.5	30.0

(1) 2人の体重の変わり方を，折れ線グラフに表しなさい。(10点)

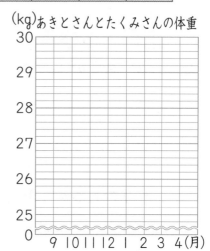

(2) 2人の体重のふえ方がいちばん大きかったのは，それぞれ何月から何月のときですか。(10点/1つ5点)

① あきと　（　　　　　　　）

② たくみ　（　　　　　　　）

9 変わり方

1 長さ 20 cm のはり金を曲げて長方形をつくります。そのときのたてと横の長さの関係を調べました。

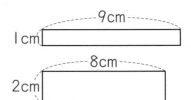

(1) たてと横の長さの関係を，表にしなさい。

たて(cm)	1	2						
横(cm)	9							

(2) たての長さが 1 cm ずつ長くなると，横の長さはどうなりますか。

(   )

2 正方形の1辺の長さと，まわりの長さの関係を調べました。

(1) 1辺の長さとまわりの長さの関係を，下の表に書きなさい。

1辺の長さ(cm)	1	2	3	4	5
まわりの長さ(cm)					

(2) 1辺の長さが13 cm のとき，まわりの長さは何 cm ですか。

(   )

(3) まわりの長さが136 cm のとき，1辺の長さは何 cm ですか。

(   )

3 30 まいのシールがあります。まさおさんは，弟と 2 人で分けようと思います。まさおさんが□まい，弟が△まいになるように分けたとき，□と△の関係を表す式を書きなさい。

（　　　　　　　　　　　）

4 1 本 50 円のえん筆を買います。買った本数を□本，代金を△円とします。

(1) 下の表に，買った本数と代金の関係を書きなさい。

□(本)	1	2	3	4	5	6	7
△(円)	50						

(2) えん筆を買った本数が 1 本ずつふえていくと，代金はどうなりますか。

（　　　　　　　　　　　）

(3) □と△の関係を，式に表しなさい。

（　　　　　　　　　　　）

5 色紙を，1 人目に 1 まい，2 人目に 3 まい，3 人目に 5 まいと順に 2 まいずつふやしてわたしていきます。10 人目の人には何まいわたしますか。

（　　　　　　　　　　　）

チャレンジテスト③

答え▶別さつ11ページ

時 間	25分	とく点
合かく	80点	点

1. さきさんのクラスで，まんがを読むこととテレビを見ることのすき，きらいを調べ，右のような表にまとめました。(30点/1つ10点)

(1) まんがもテレビもきらいな人は，何人いますか。

（　　　　　　　　）

(2) まんががすきな人は全部で何人ですか。

（　　　　　　　　）

(3) さきさんが調べたクラスの人数は何人ですか。

（　　　　　　　　）

		まんが	
		すき	きらい
テレビ	すき	26人	1人
	きらい	2人	2人

2. 次の表は，ある年の東京と大阪の1年間の月別気温を調べたものです。東京と大阪の月別気温を，下の折れ線グラフに表しなさい。(10点)

月別気温調べ(度)

地名 ＼ 月	1月	2月	3月	4月	5月	6月	7月	8月	9月	10月	11月	12月
東京	5	5	8	14	18	22	25	26	23	17	12	7
大阪	6	6	8	15	19	23	27	28	24	18	13	8

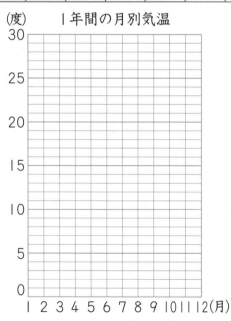

1年間の月別気温

3 水そうに，１分間に７Ｌ ずつ水道の水を入れます。(20点/1つ10点)

(1) ５分後には，水は何Ｌ たまりますか。

(　　　　　　)

(2) 水のたまり方を折れ線グラフにかくと，グラフはどんな線になりますか。

(　　　　　　)

4 下の図のように，おはじきをならべて正三角形をつくります。

(40点/1つ10点)

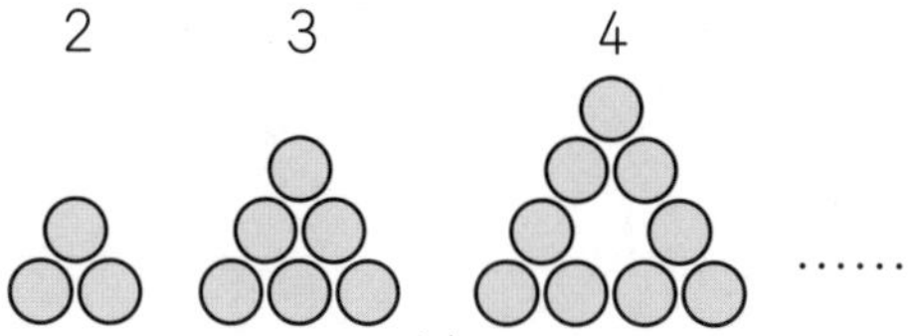

2　　　3　　　　4

(1) 正三角形の１辺(ぺん)のおはじきの数を□こ，三角形をつくるのに使うおはじきの数を△ことして，□と△の関係(かんけい)を表に書きなさい。

□(こ)	2	3	4	5	6	7	
△(こ)	3	6					

(2) □と△の関係を式に表しなさい。

(　　　　　　)

(3) １辺のおはじきの数が９この正三角形をつくるには，おはじきが何こあればよいですか。

(　　　　　　)

(4) 正三角形をつくるのに使うおはじきが 39 このとき，１辺のおはじきの数は何こですか。

(　　　　　　)

チャレンジテスト④

1 下の表は，たろうさんが病気をしたとき
の1日の体温の変わり方です。

(30点/1つ10点)

時こく(時)	8	11	14	17	20	23
体温(度)	37.5	38.4	38.5	39.2	38.3	37.0

(1) 体温の変わり方を右に折れ線グラフで表
しなさい。

(2) 体温の上がり方がいちばん大きいのは，
何時から何時までの間ですか。

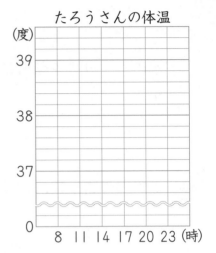

たろうさんの体温

(　　　　　　　　　　)

(3) 体温の下がり方がいちばん大きいのは，何時から何時までの間ですか。

(　　　　　　　　　　)

2 4年生全員に，男のきょうだい
や女のきょうだいがいるかどう
か調べました。男のきょうだい
がいる人は18人，男のきょう
だいも女のきょうだいもいる人
は2人，男か女か一方だけのき
ょうだいがいる人は35人，ひ
とりっ子は3人でした。(20点/1つ10点)

きょうだい調べ

		男のきょうだい		合計
		いる	いない	
女のきょうだい	いる			
	いない			
合計				

(1) 右上の表に，あてはまる数を書きなさい。
(2) 女のきょうだいがいる人は何人ですか。

(　　　　　　　　　　)

3 右の図のように，一列にカードをならべて，そのまわりにおはじきをならべます。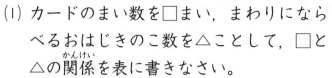

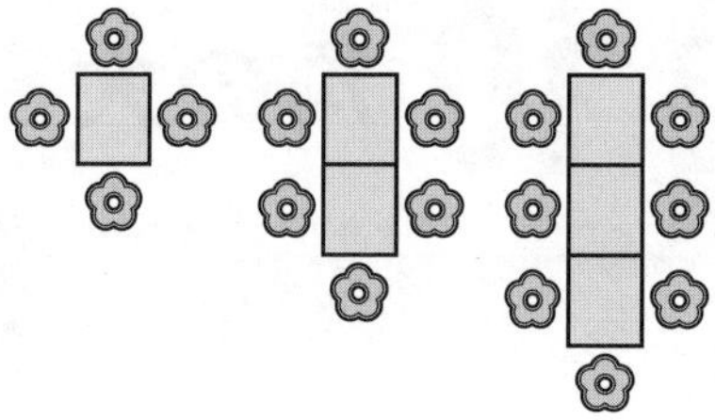

(30点/1つ10点)

(1) カードのまい数を□まい，まわりにならべるおはじきのこ数を△ことして，□と△の関係_{かんけい}を表に書きなさい。

□（まい）	1	2	3	4	5	
△（こ）	4					

(2) □と△の関係を式に表しなさい。

（　　　　　　　　）

(3) 22このおはじきをならべるためには，カードが何まいあればよいですか。

（　　　　　　　　）

4 下の図のように，おはじきを正方形にならべます。(20点/1つ10点)

......

(1) 1辺_{ぺん}のおはじきの数が8この正方形をつくるには，何このおはじきがいりますか。

（　　　　　　　　）

(2) 正方形をつくるのに使うおはじきの数が60このとき，1辺のおはじきの数は何こですか。

（　　　　　　　　）

答え▶別さつ13ページ

10 角の大きさ

1 次の角の大きさは何度ですか。分度器を使って，はかりなさい。

(1)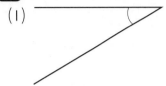

(2)

(3)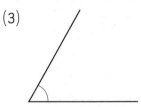

(　　　) (　　　) (　　　)

(4)

(5)

(6)

(　　　) (　　　) (　　　)

2 次の１組の三角じょうぎで，㋐〜㋔の角度を書きなさい。

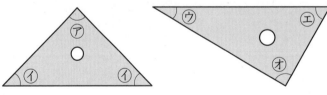

㋐ (　　　) 　㋑ (　　　) 　㋒ (　　　)

㋓ (　　　) 　㋔ (　　　)

3 ２本の直線が交わった右の図について，分度器を使わないで，次の問いに答えなさい。

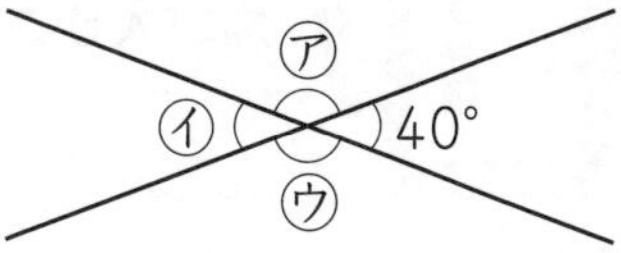

(1) 角㋐は何度ですか。

(　　　　　)

(2) 角㋑は何度ですか。

(　　　　　)

(3) 角㋑と角㋒の和は何度ですか。

(　　　　　)

4 次の問いに答えなさい。

(1) 次の時計の長いはりと短いはりがつくる角の大きさは何度ですか。

[1]
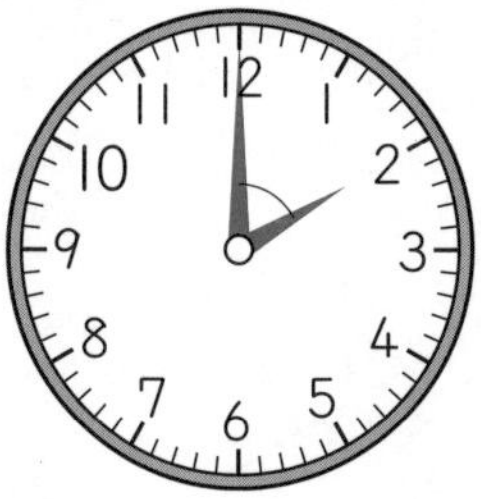

[2]
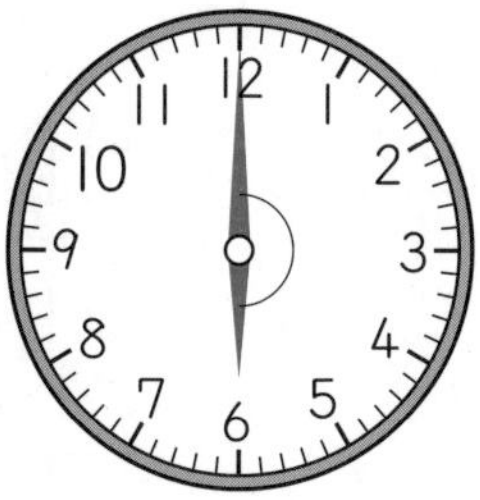

[3]
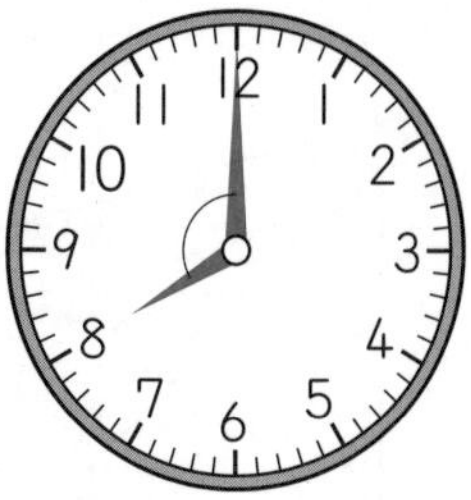

(　　　　　)　(　　　　　)　(　　　　　)

(2) 長いはりは１時間に何度まわりますか。

(　　　　　)

(3) 長いはりは１分間に何度まわりますか。

(　　　　　)

(4) 短いはりは１時間に何度まわりますか。

(　　　　　)

(5) 短いはりは１分間に何度まわりますか。

(　　　　　)

答え▶別さつ13ページ

10 角の大きさ　ハイクラス

時間	25分	とく点
合かく	80点	点

1 次の図は，１組の三角じょうぎを組み合わせたものです。㋐，㋑の角度を求(もと)めなさい。(30点/1つ5点)

(1)

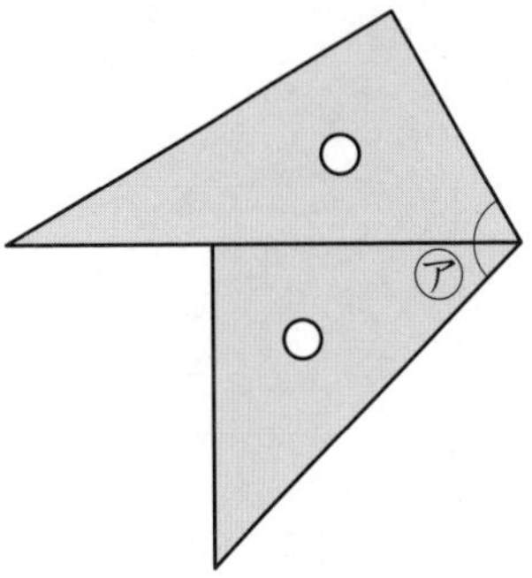

(　　　　)

(2)

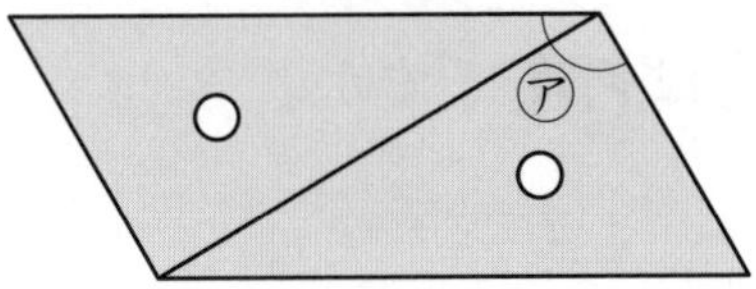

(　　　　)

(3)

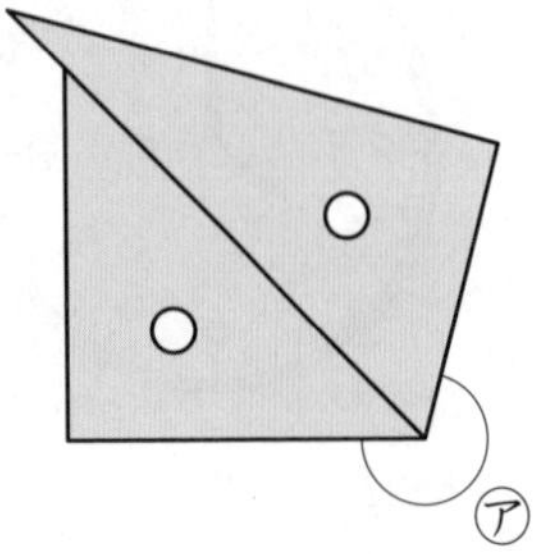

(　　　　)

(4)

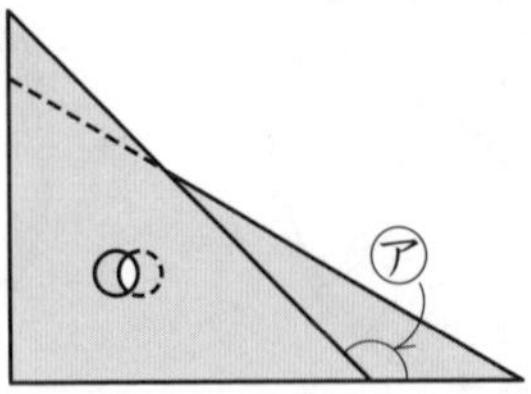

(　　　　)

(5)

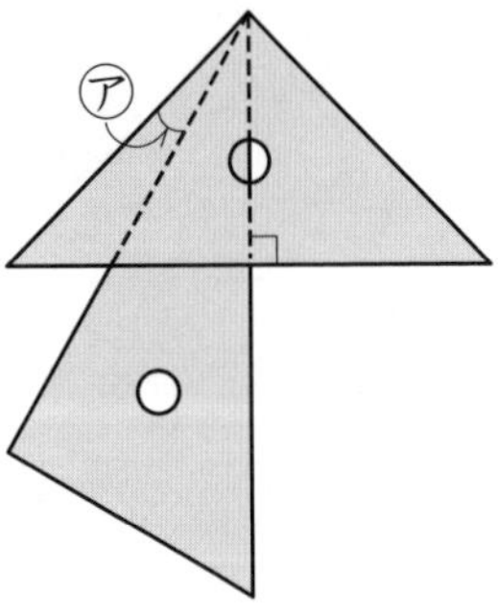

(　　　　)

(6)

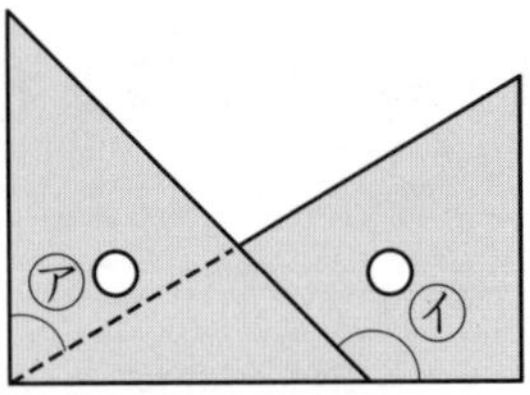

㋐(　　　　)㋑(　　　　)

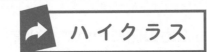

2 次の時計の長いはりと短いはりがつくる角の大きさは何度ですか。

(60点/1つ15点)

(1)
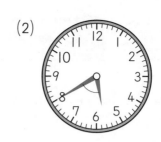

(2)

(   )   (   )

(3)
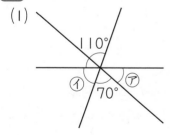

(4)
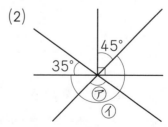

(   )   (   )

3 次の図で，㋐，㋑の角の大きさを求めなさい。(10点/1つ5点)

(1)

(2)

㋐ (   ) ㋑ (   )   ㋐ (   ) ㋑ (   )

11 垂直と平行

1 次の2本の直線が平行になっているものを，記号で答えなさい。

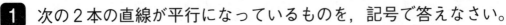
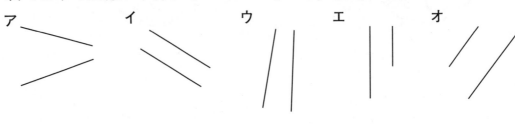

（　　　　　　　）

2 1本の直線㋐をもとに，次の問いに答えなさい。

(1) 直線㋐に垂直な直線㋑と直線㋒をひきました。直線㋑と直線㋒の関係は，どんな関係ですか。

（　　　　　　　）

(2) 直線㋐に平行な直線㋓をひき，次に直線㋓に垂直な直線㋔をひきました。直線㋐と直線㋔の関係はどんな関係ですか。

（　　　　　　　）

(3) 直線㋐に垂直な直線㋕をひき，次に直線㋕に垂直な直線㋖をひきました。さらに直線㋖に垂直な直線㋗をひきました。直線㋐と直線㋗の関係はどんな関係ですか。

（　　　　　　　）

3 下の図に，点Aを通り，直線㋐と平行な直線をかきなさい。

(1)

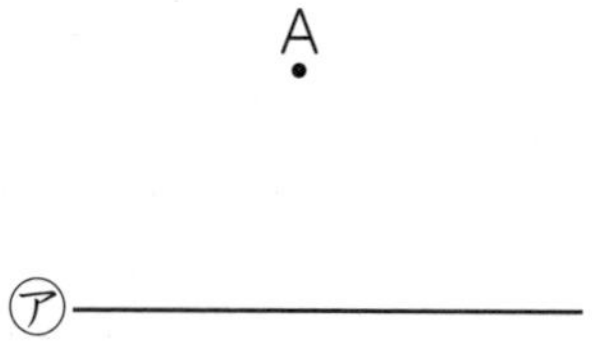

(2)

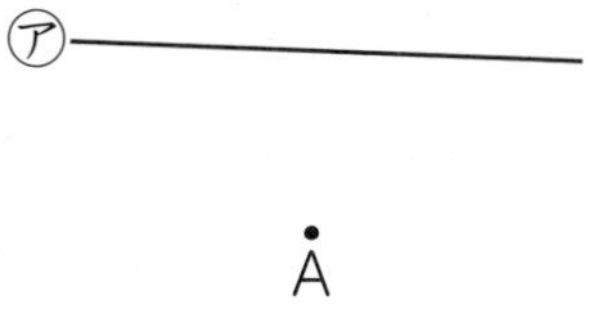

4 直線①と②は平行です。この2本の直線に，直線③と直線④が交わっています。分度器（ぶんどき）を使わないで，次の問いに答えなさい。

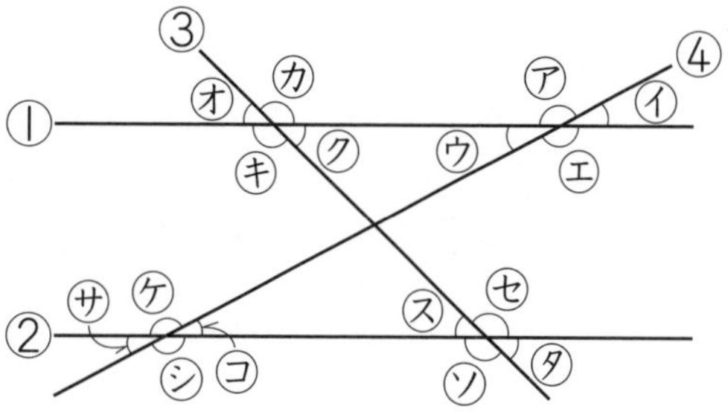

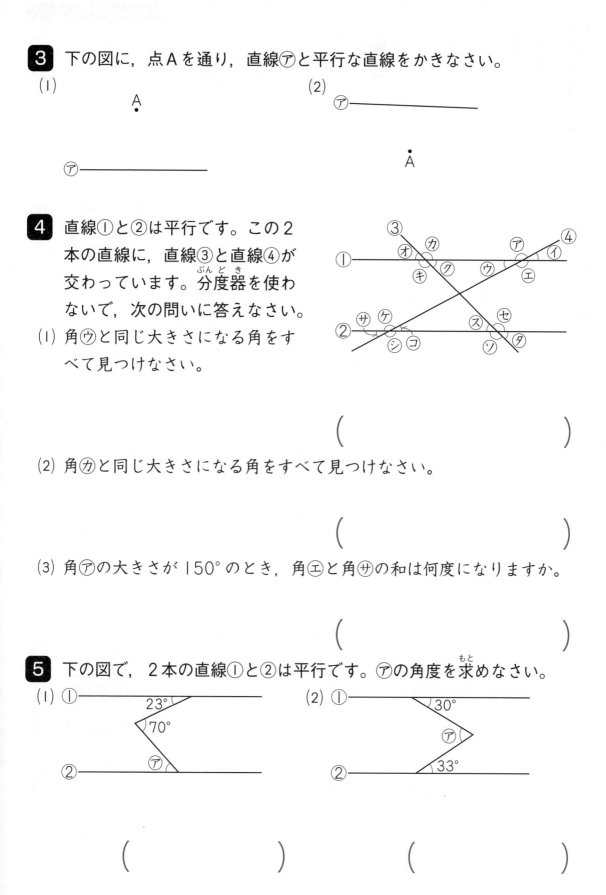

(1) 角㋒と同じ大きさになる角をすべて見つけなさい。

(　　　　　　　　　　)

(2) 角㋕と同じ大きさになる角をすべて見つけなさい。

(　　　　　　　　　　)

(3) 角㋐の大きさが150°のとき，角㋓と角㋚の和は何度になりますか。

(　　　　　　　　　　)

5 下の図で，2本の直線①と②は平行です。㋐の角度を求（もと）めなさい。

(1)

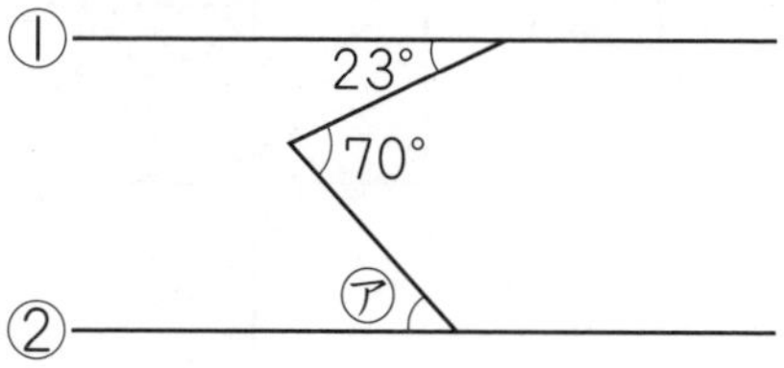

(2)

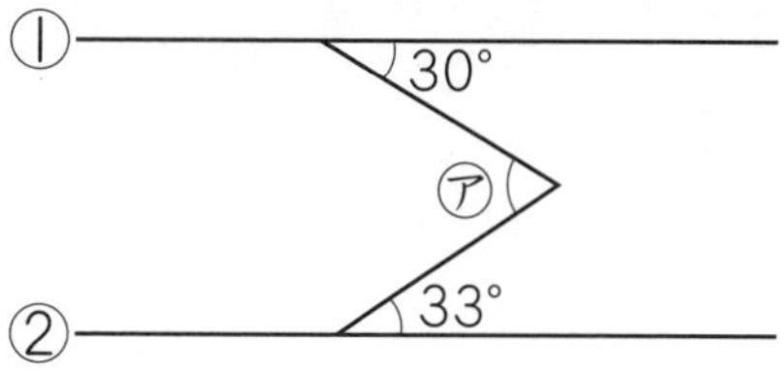

(　　　　　　　　　　)　(　　　　　　　　　　)

11 垂直と平行

→ ハイクラス

1 右の図は，同じ大きさの長方形を2つ重ねたものです。それぞれの角度を求めなさい。 (20点/1つ10点)

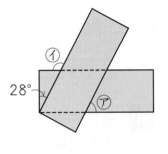

(1) 角㋐は何度になりますか。

( )

(2) 角㋑は何度になりますか。

( )

2 下の図で，直線 AB と DE と GH は平行です。㋐と㋑の角度を求めなさい。(10点)

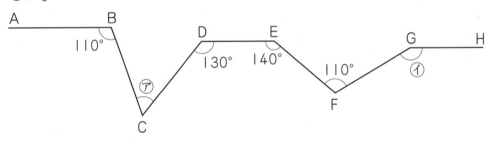

㋐ ( )　㋑ ( )

3 右の図は，同じ大きさの正方形を2つ組み合わせたものです。(20点/1つ10点)

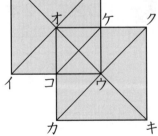

(1) 辺アイと長さが等しく，平行な辺をすべて答えなさい。

( )

(2) ケコと長さが等しく，垂直なものをすべて答えなさい。

( )

[4] 右の図で，太い線の三角形は三角じょうぎで，直線①と②は平行です。次の問いに答えなさい。（15点/1つ5点）

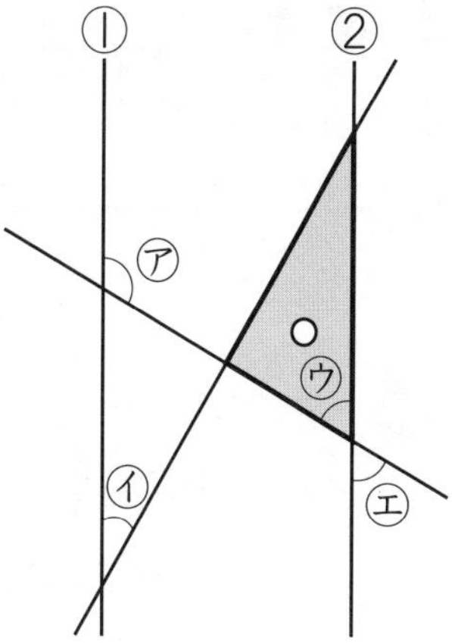

(1) 角[ウ]は何度ですか。

（　　　　　　）

(2) 角[ア]は何度ですか。

（　　　　　　）

(3) 角[イ]と角[エ]の和は何度ですか。

（　　　　　　）

[5] 時計の文字ばんがあります。次の問いに答えなさい。（20点/1つ10点）

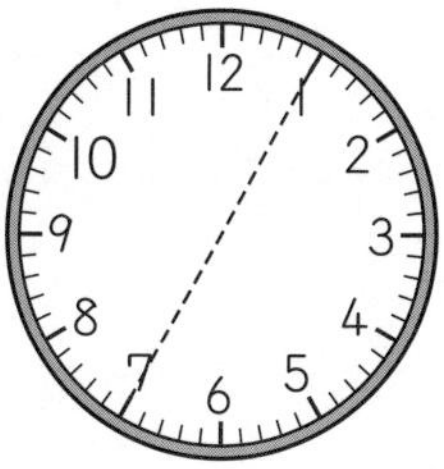

(1) 1と7を結(むす)ぶ線に垂直になるのは，いくつといくつを結ぶ線ですか。すべて書きなさい。

（　　　　　　）

(2) 1と7を結ぶ線に平行になるのは，いくつといくつを結ぶ線ですか。すべて書きなさい。

（　　　　　　）

[6] 右の図は，長方形の紙を折(お)り返したものです。角[ア]が34°のとき，角[イ]は何度になりますか。（15点）

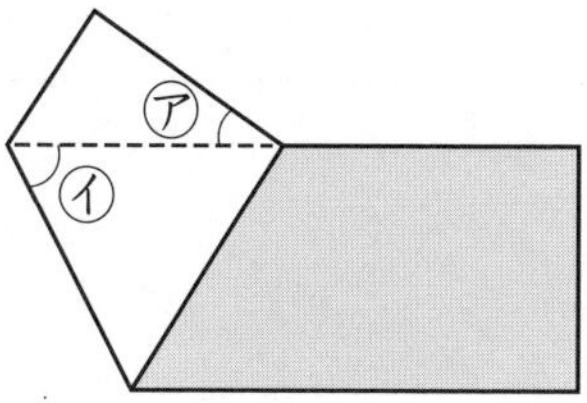

（　　　　　　）

12 四角形

1 次のア〜ケは四角形のせいしつです。下の問いに答えなさい。

ア 4つの辺の長さがすべて等しい。

イ 2本の対角線が垂直に交わる。

ウ 向かい合った角の大きさが等しい。

エ 4つの角の大きさがすべて等しい。

オ 向かい合った2組の辺が平行になる。

カ 2本の対角線の長さが等しい。

キ 4つの角がすべて90°になる。

ク 2本の対角線が真ん中で交わる。

ケ 1組の辺だけが平行になる。

(1) 平行四辺形のせいしつはどれですか。**ア〜ケ**からすべて選びなさい。

( )

(2) **ア，イ，ウ，オ，カ，ク**のすべてのせいしつをもっている四角形の名まえを答えなさい。

( )

2 対角線が次のように交わる四角形の名まえを書きなさい。

(1)　　　　　　　(2)　　　　　　　(3)

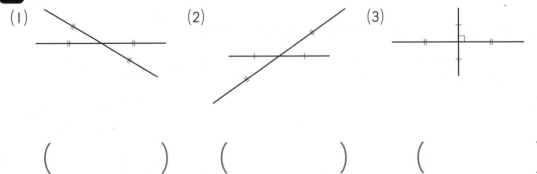

( )　　( )　　( )

3 となり合う辺が 2 cm と 5 cm で，その間の角が 60° の平行四辺形を右の図にかきなさい。

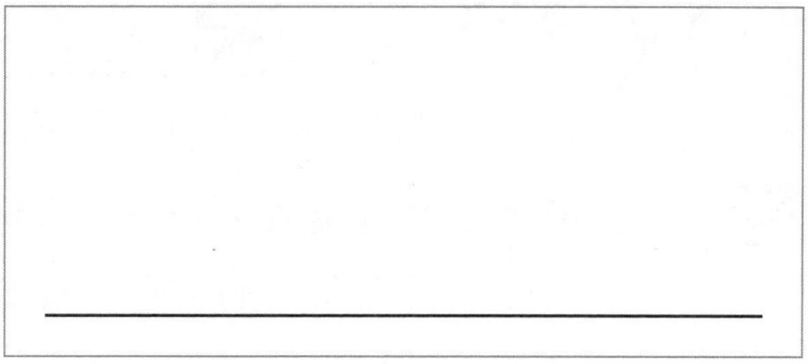

4 次のそれぞれの四角形に，直線を１本ひいて（　　）の中の形にしなさい。（(1)はアから，(2)はエからひきなさい。(3)は辺アイをできた形にふくみます。）

(1)（台形）

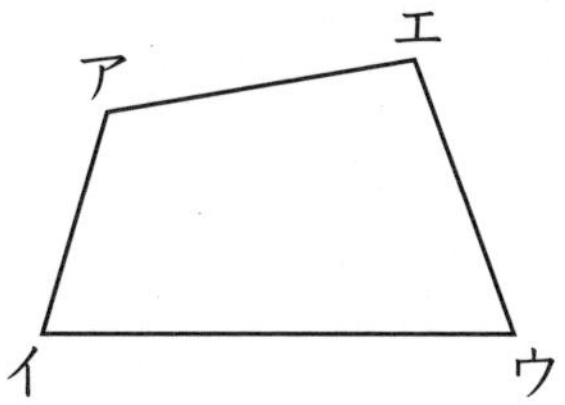

(2)（平行四辺形）

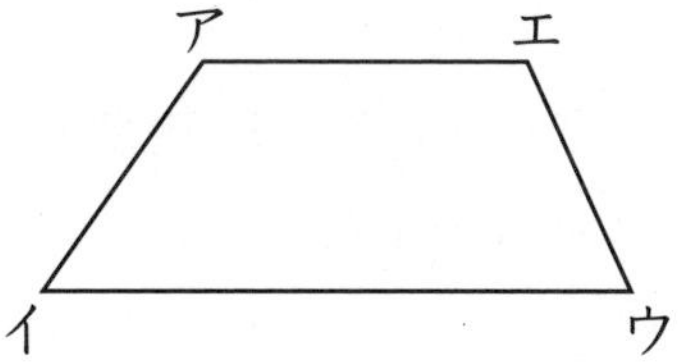

(3)（ひし形）

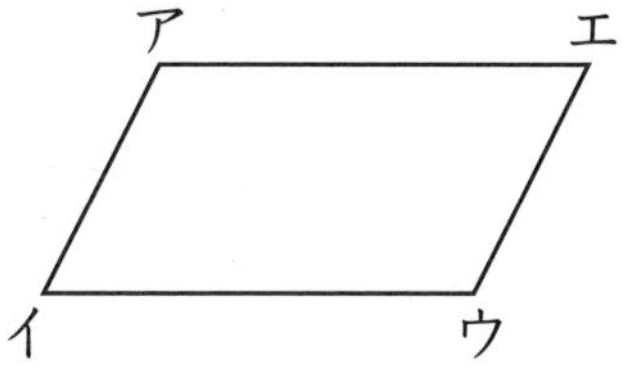

5 ２本の直線①と②は平行です。下の図の中にできた㋐～㋔の四角形の名まえを書きなさい。（○ や △ の印（しるし）は長さが等しいことを表します。）

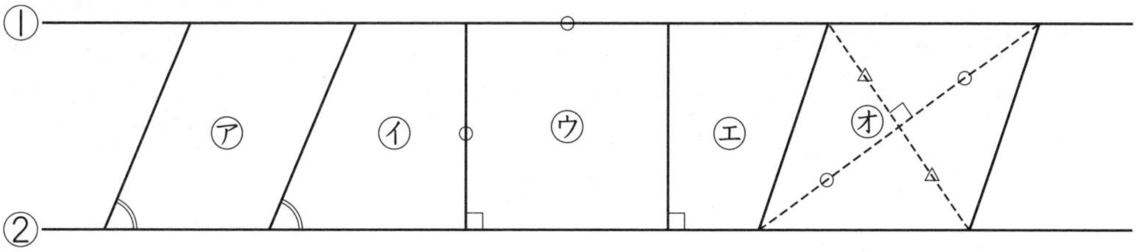

㋐（　　　　）　㋑（　　　　）　㋒（　　　　）

㋓（　　　　）　㋔（　　　　）

12 四角形

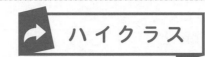 ハイクラス

1 下の図の点と点を結んで，ちがう形の台形を６こかきなさい。ただし，平行四辺形，正方形，長方形，ひし形はふくみません。(24点/1つ4点)

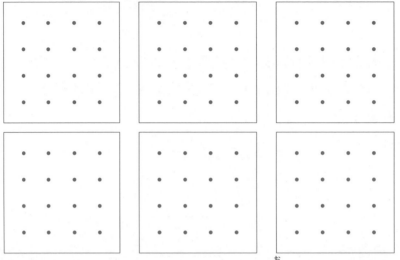

2 下の図形は，いろいろな四角形を対角線で折り曲げたものです。もとの四角形の名まえを書きなさい。(16点/1つ8点)

(1)　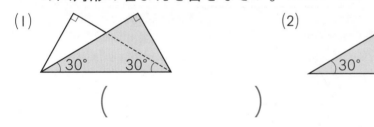　(2)

(　　　　　　　　)　　　　(　　　　　　　　)

3 右の図のように紙を４つに折って，点線にそって切って開いて四角形をつくります。次の問いに答えなさい。(20点/1つ10点)

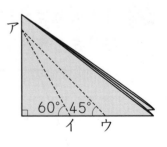

(1) ひし形ができました。どの点線で切りましたか。記号で答えなさい。

(　　　　　　　　)

(2) 正方形ができました。どの点線で切りましたか。記号で答えなさい。

(　　　　　　　　)

4 右の図のような台形 ABCD があります。いま，この台形の辺 BC 上を，点Eをちょう点Bからちょう点Cまで矢印（やじるし）の方向へ動かして，平行四辺形 ABED をつくりました。次の問いに答えなさい。(20点/1つ10点)

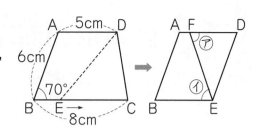

(1) 点Eを，ちょう点Bから何 cm 動かしましたか。

（　　　　　　　　）

(2) 平行四辺形 ABED で，EF の直線と DE の辺は，等しい長さです。㋐と㋑の角度を求（もと）めなさい。

㋐（　　　　　　　　）　㋑（　　　　　　　　）

5 右の図は同じ大きさの正三角形を4つ組み合わせた図形です。この図の中に平行四辺形はいくつありますか。(10点)

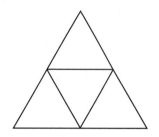

（　　　　　　　　）

6 右の図は平行四辺形で，㋐と㋑の角の和は180°になります。そのわけを右の図を使って説明（せつめい）しなさい。(10点)

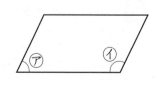

（　　　　　　　　　　　　　　　）

答え▶別さつ17ページ

13 四角形の面積 ①

標準クラス

1 次の問いに答えなさい。

(1) 1辺の長さが12cmの正方形の面積は何cm²ですか。

( )

(2) たて13cm, 横18cmの長方形の面積は何cm²ですか。

( )

(3) まわりの長さが28cmの正方形の面積は何cm²ですか。

( )

(4) 面積が90cm²で, たての長さが6cmの長方形の横の長さは何cmですか。

( )

2 次のアとイの図形の面積は, どちらがどれだけ広いですか。

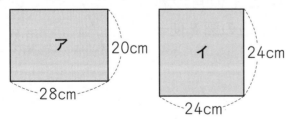

( )

3 次の図の□にあてはまる数を求めなさい。

(1)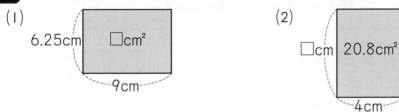

6.25cm □cm² 9cm

(2) □cm 20.8cm² 4cm

(
　　　　　　　　　)　　　(
　　　　　　　　　)

4 次の図形は，長方形や正方形を組み合わせたものです。色のついた部分の面積を求めなさい。

(1)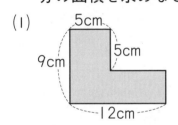

5cm 5cm 9cm 12cm

(2)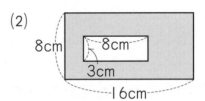

8cm 8cm 3cm 16cm

(
　　　　　　　　　)　　　(
　　　　　　　　　)

(3)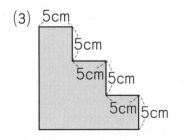

5cm 5cm 5cm 5cm 5cm 5cm

(4)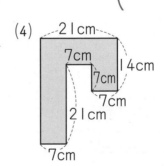

21cm 7cm 7cm 14cm 7cm 21cm 7cm

(
　　　　　　　　　)　　　(
　　　　　　　　　)

13 四角形の面積 ①

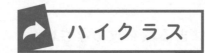

1 右の図は，２つの長方形を組み合わせたものです。次の問いに答えなさい。

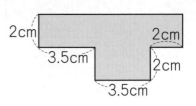

(16点/1つ8点)

(1) この図形の面積を求めなさい。

（　　　　　　）

(2) この図形と面積が同じ正方形の1辺の長さを求めなさい。

（　　　　　　）

2 次の図の色のついた部分の面積を求めなさい。(32点/1つ8点)

(1)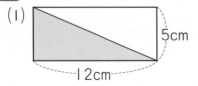

(2)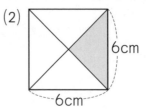

（　　　　　　）　　　　（　　　　　　）

(3)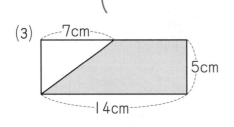

(4)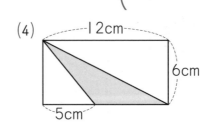

（　　　　　　）　　　　（　　　　　　）

3 次の図の色のついた部分の面積を求めなさい。(20点/1つ10点)

(1)
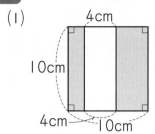

(2)
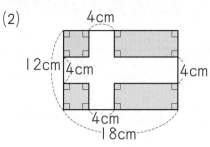

(　　　　　　　　　)　　　　　　　(　　　　　　　　　)

4 右の図のように，1辺が6cmの正方形から，はば1cmを残して，内側(うちがわ)を切り取りました。このとき，色のついた部分の面積を求めなさい。(10点)

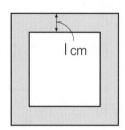

(　　　　　　　　　)

5 右の図のように，1辺が20cmの正方形の色紙を2まいはりあわせてつなぎます。できた紙の面積は何cm²になりますか。(12点)

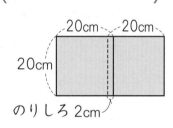

(　　　　　　　　　)

6 まわりの長さが120cmの長方形と正方形があります。この長方形のたての長さが18cmのとき，正方形の面積は長方形の面積より何cm²広いですか。考え方や式も書きなさい。(10点)

(

)

答え▶別さつ18ページ

14 四角形の面積 ②

標準クラス

1 次の◯にあてはまる数を書きなさい。

(1) 6 m² = ◻ cm²

(2) 1.3 a = ◻ m²

(3) 4200 ha = ◻ km²

(4) 25.5 ha = ◻ a

(5) 5000000 m² = ◻ km²

(6) 48100 cm² = ◻ m²

(7) 3 m² = ◻ a

(8) 0.07 ha = ◻ m²

2 次の問いに答えなさい。

(1) たて 35 m, 横 48 m の長方形の土地があります。この土地の面積は何 m² ですか。また, 何 a ですか。

(　　　　　　　　　　)

(2) 南北が 2.6 km, 東西が 3 km ある長方形の土地があります。この土地の面積は何 ha ですか。

(　　　　　　　　　　)

3 次の図形の面積を( )の中の単位で求めなさい。

(1) たて 85 cm, 横 2 m の長方形 (m²)

( )

(2) たて 3 km, 横 250 m の長方形 (ha)

( )

4 右の図のような形をした池があります。

(1) 面積は何 a ですか。また, 何 ha ですか。

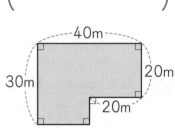

( )

(2) この池を, 面積は変えないで, たて 50 m の長方形の池につくり変えるには, 横の長さを何 m にすればよいですか。

( )

5 右の図のように, 長方形の形をした公園の中に, はば 4 m の道路をつけました。道路の面積は何 a になりますか。

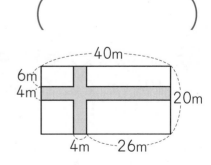

( )

14 四角形の面積 ②

ハイクラス

1 次の ☐ にあてはまる数を書きなさい。(20点/1つ5点)

(1) 480 cm² +0.25 m² = ☐ cm²

(2) 0.57 ha+3200 m² = ☐ a

(3) 1.23 km² −50 ha−900 a = ☐ ha

(4) 380000000 cm² −0.27 ha+2150 m² = ☐ a

〔洛南高附中〕

2 たて 14 m，横 16 m の長方形の庭の中に，1辺が 4 m の正方形の池があります。庭にしばふを植えるとき，しばふの面積は何 m² になりますか。(10点)

(   )

3 7 ha の畑があります。この畑のうち，1.52 ha にはかぼちゃを，400 a にはすいかを，5000 m² にはだいこんを植えました。あと，何 a 残っていますか。(10点)

(   )

4 右の図は長方形で，色のついた部分の面積は 104 cm² です。☐ にあてはまる数を求めなさい。

(10点)

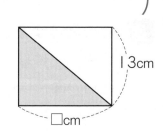

13cm

☐cm

(   )

5 まわりの長さが 172 m で，横の長さがたての長さよりも 12 m 長い長方形のプールがあります。次の問いに答えなさい。(20点/1つ10点)

(1) このプールのたてと横の長さはそれぞれ何 m ですか。

たて （　　　　　　　） 横 （　　　　　　　）

(2) このプールの面積は何 m² ですか。

（　　　　　　　　　　　）

6 右の図のように，長方形の形をした公園の中に，はば 10 m の道路をつけました。道でない部分の面積は何 km² になりますか。(10点)

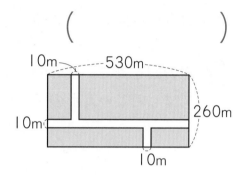

（　　　　　　　　　　　）

7 右の図の色のついた部分の面積を求めなさい。

(10点)　〔賢明女子学院中〕

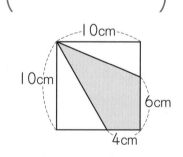

（　　　　　　　　　　　）

8 右の図は，1辺 4 cm の正方形を 3 まい重ねたものです。この図形の面積を求めなさい。(10点)

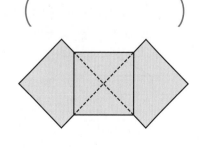

（　　　　　　　　　　　）

答え▶別さつ20ページ

15 直方体と立方体

標準クラス

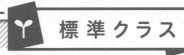

1 次の□の中にあてはまることばを書きなさい。

(1) 長方形や，長方形と正方形でかこまれた形を □ という。

(2) 立方体は同じ大きさの６つの □ の面でかこまれている。

2 右の図を見て，次の問いに答えなさい。

㋐
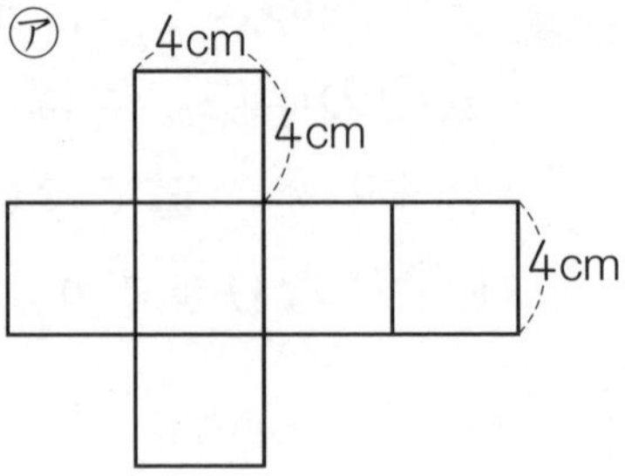

㋑
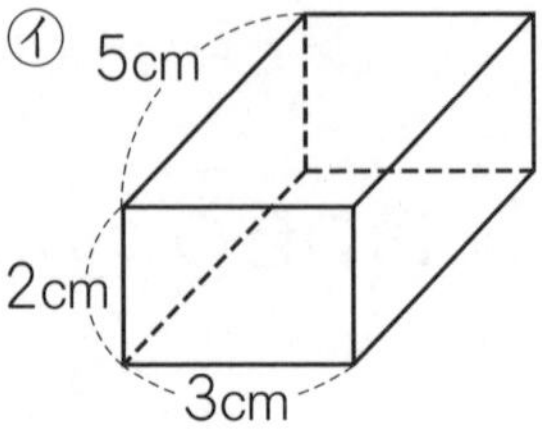

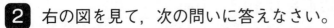

(1) ㋐は，何という形のてん開図ですか。

（　　　　　　）

(2) ㋐のてん開図からできる箱の高さは何cm ですか。

（　　　　　　）

(3) ㋑は，何という形の見取図(みとりず)ですか。

（　　　　　　）

(4) ㋐のてん開図からできる箱の見取図をかいています。
たりない部分をかきたしなさい。

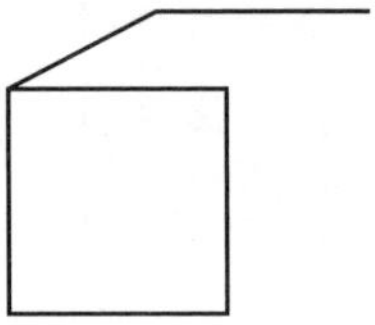

(5) ㋑のてん開図をかいています。
たりない部分をかきたしなさい。

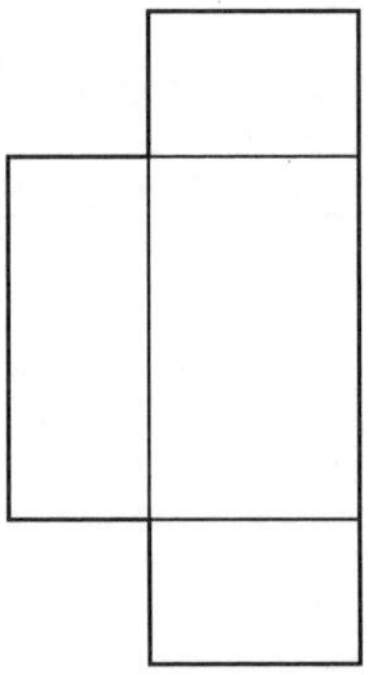

3 右の図は直方体の見取図です。次の問いに答えなさい。

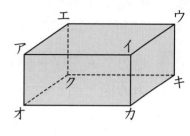

(1) 辺アイに平行な辺はどれですか。

( )

(2) 辺エウに垂直な辺はどれですか。

( )

(3) 面アイカオに平行な面はどれですか。

( )

(4) 辺オカに垂直でも平行でもない辺はどれですか。

( )

(5) 面イウキカに垂直な辺はどれですか。

( )

(6) 面オカキクに平行な辺はどれですか。

( )

(7) 面オカキクに平行でも垂直でもない辺は何本ありますか。

( )

4 次のア～カの図の中で，立方体のてん開図はどれですか。記号ですべて答えなさい。

ア
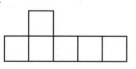

イ
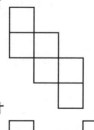

ウ
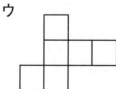

エ
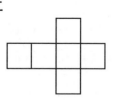

オ
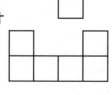

カ
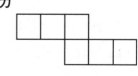

( )

15 直方体と立方体　ハイクラス

時 間	25分	とく点
合かく	80点	点

1 右のてん開図を組み立てます。次の問いに答えなさい。(24点/1つ8点)

(1) カの面と向かい合う面はどれですか。

（　　　　）

(2) 点Jと重なるちょう点をすべて書きなさい。

（　　　　）

(3) 辺CDと重なる辺はどれですか。

（　　　　）

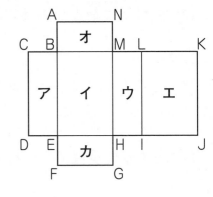

2 直方体をつくるのに、下の図のような長方形を2まいずつつくりました。あと、どんな形のものが何まいあればよいですか。(10点)

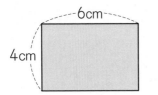 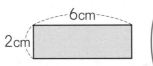

（　　　　）

3 たて20cm、横28cmの長方形の画用紙の4つのかどから、図のように1辺が6cmの正方形を切り取って、ふたのない直方体の箱をつくりました。次の問いに答えなさい。(20点/1つ10点)

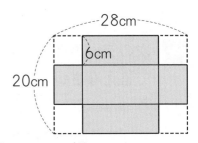

(1) 折り曲げる4つの面(色のついた部分)の面積の合計を求めなさい。

（　　　　）

(2) できあがった箱に、1辺が2cmのさいころを、箱いっぱいになるように入れます。さいころはいくつはいりますか。(ただし、高さからはみ出さないようにします。)

（　　　　）

4 右の図のように，直方体の箱にリボンを結びます。結び目には，18 cm 使います。リボンは何 cm 必要ですか。(10点)

（　　　　　　　　　）

5 てん開図が右のようになるさいころをつくります。次の問いに答えなさい。(36点/1つ6点)

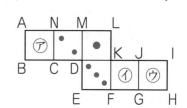

(1) ㋐，㋑，㋒の面の目の数はそれぞれいくつですか。さいころの向かい合う面の目の数の和は，7になります。

㋐（　　　　　） ㋑（　　　　　） ㋒（　　　　　）

(2) 点Eに集まるのは，どの点ですか。

（　　　　　　　　　）

(3) 辺 AB と重なるのは，どの辺ですか。

（　　　　　　　　　）

(4) ▣の面に平行な面の目の数はいくつですか。

（　　　　　　　　　）

(5) ▣の面に垂直な面の目の数の和はいくつですか。

（　　　　　　　　　）

(6) 長方形のあつ紙に上の図のようなてん開図をかいて，1辺が3cmのさいころをつくります。あつ紙は，たて何cm，横何cm あればつくることができますか。（のりしろは考えません。）

（　　　　　　　　　）

16 位置の表し方

1 右の図で，点アをもとにすると，点イの位置は(横3，たて2)と表せます。次の点は，それぞれどのように表せますか。

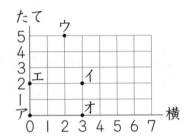

(1) 点ウ （　　　　　　　　　）

(2) 点エ （　　　　　　　　　）

(3) 点オ （　　　　　　　　　）

2 右の図のように，横が8 m (800 cm)，たてが3 m(300 cm)のかべがあります。アの位置は(150，100)のように表します。

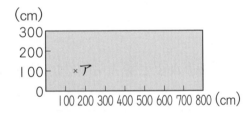

(500，200)のイの位置，(300，0)のウの位置を上の図にかきなさい。

3 右の直方体で，キのちょう点の位置は，アのちょう点をもとにすると，
(横5 cm，たて4 cm，高さ3 cm)
と表すことができます。アの点をもとにして，次のちょう点の位置を表しなさい。

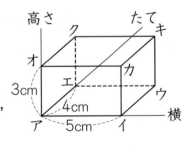

(1) 点イ （　　　　　　　　　）　　(2) 点エ （　　　　　　　　　）

(3) 点カ （　　　　　　　　　）　　(4) 点ク （　　　　　　　　　）

4 次のそれぞれの点の位置を，点アをもとに
して，(横，たて，高さ)で表しなさい。

(1辺1cmの立方体)

(1) 点ア （　　　　　　　　　　　　）

(2) 点イ （　　　　　　　　　　　　）

(3) 点ウ （　　　　　　　　　　　　）

(4) 点エ （　　　　　　　　　　　　）

(5) 点オ （　　　　　　　　　　　　）

(6) 点カ （　　　　　　　　　　　　）

5 右の図のように，点アをもとにして，5m
おきに区切られています。

(1) 点アをもとにすると，点エは
(東へ15m，北へ15m，上へ10m)
と表されます。同じようにすると，点イ，
点ウはどのように表されますか。

点イ （　　　　　　　　　　　　）

点ウ （　　　　　　　　　　　　）

(2) 点オをもとにすると，点エは(西へ10m，南へ10m，上へ10m)と
表されます。同じようにすると，点カ，点キはどのように表されます
か。

点カ （　　　　　　　　　　　　　　　）

点キ （　　　　　　　　　　　　　　　）

答え▶別さつ22ページ

時間 25分	とく点
合かく 80点	点

チャレンジテスト⑤

1 次の角㋐の大きさを求(もと)めなさい。(20点/1つ10点)

(1)

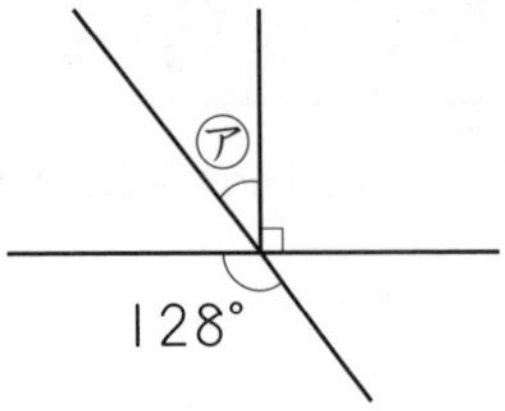

(2)

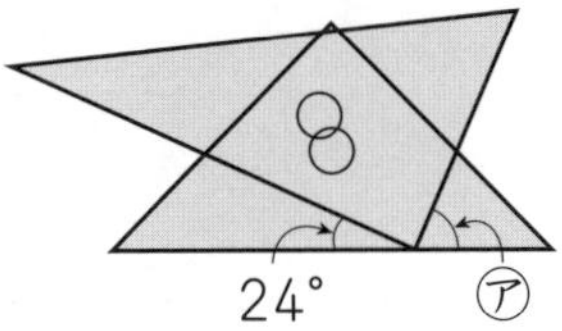

(　　　　)　(　　　　)

2 右の図で，直線①，②は平行です。㋐，㋑の角の大きさは，それぞれ何度ですか。(10点)

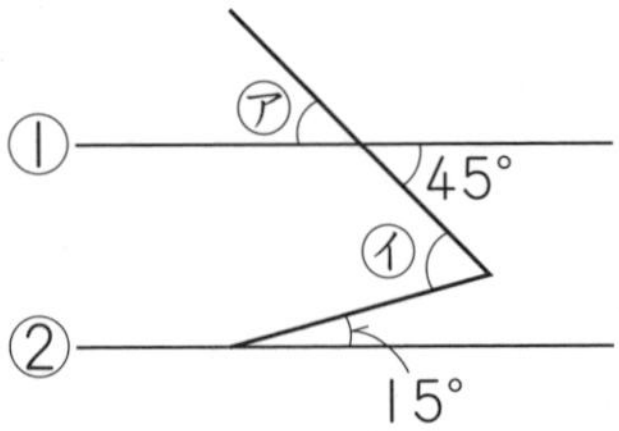

㋐(　　　　)　㋑(　　　　)

3 右の図のように，2kgまではかれるはかりがあります。ランドセルの重さをはかると，ちょうど950gでした。はりは何度回りましたか。(10点)

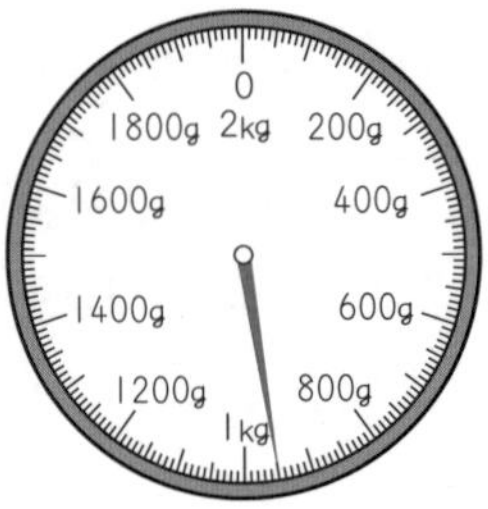

(　　　　)

4 右の図は，直方体です。この直方体を，図のようにまきじゃくではかると，全部で1mでした。この直方体の高さは何cmですか。

(10点)

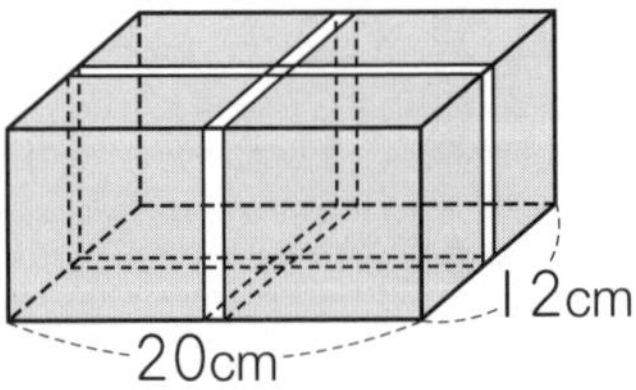

(　　　　)

5 右の立方体のてん開図について，次の問いに答え
　なさい。(30点/1つ10点)

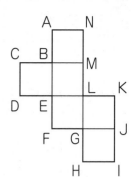

(1) 点Aと重なる点はどれですか。

　　　　　　　　　（　　　　　　　　　）

(2) 辺NMと重なる辺はどれですか。

　　　　　　　　　（　　　　　　　　　）

(3) 辺ABの長さが2cmのとき，このてん開図の面積は何cm²ですか。

　　　　　　　　　（　　　　　　　　　）

6 右の図のように，長方形を㋐と㋑の面積が
　同じになるように分けたいと思います。㋐
　の長方形の横の長さを何mにすればよい
　ですか。(10点)

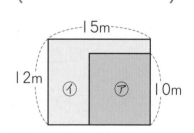

　　　　　　　　　（　　　　　　　　　）

7 長方形の方がん紙を下の左の図の線で切りはなし，それを全部組み合
　わせて正方形にならべかえました。右の方がんにならべ方をかきなさ
　い。(10点)
　　　　　　　　　　　　　　　　　　　　　〔福山暁の星女子中〕

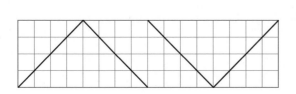

チャレンジテスト⑥

時 間　25分　とく点

合かく　80点　　　点

1 次の図は, 同じ中心から, ちがう大きさの円を2つかいたものです。図のように, 円周上の点を, 中心を通る直線でつなぎました。2本の直線を対角線とする, 四角形の名まえを書きなさい。また, そう考えた図形のせいしつを, 下のア〜ウから記号ですべて選びなさい。(40点/1つ5点)

(1)

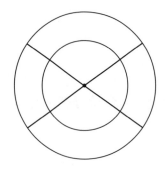

名まえ (　　　　　　　)

記号 [　　　　　　]

(2)

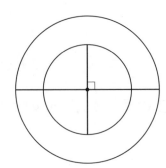

(　　　　　　　)

[　　　　　　]

(3)

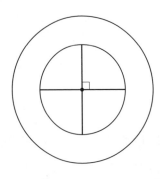

名まえ (　　　　　　　)

記号 [　　　　　　]

(4)

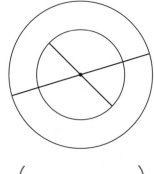

(　　　　　　　)

[　　　　　　]

ア　2本の対角線が垂直に交わる。

イ　対角線の長さが等しい。

ウ　対角線がそれぞれの半分の長さで交わる。

2 右の図のように箱に線をかきました。
アからイも，イからウも，最短きょりになって
います。右のてん開図から，ちょう点アの位置
を(横12，たて5)と表すとして，線が通った
道すじの順に表しなさい。(30点/1つ6点)

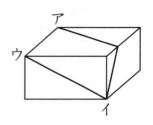

ア(横12，たて5)

→(横10，　　　　)

→(横8，　　　　)

→イ(　　　　，　　　　)

→(横4，　　　　)

→ウ(　　　　，　　　　)

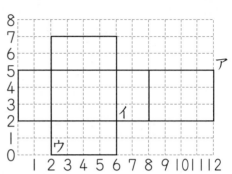

3 右の図の時計は，4時10分をしめしています。長
いはりと短いはりでできた角のうち，大きい角は何
度ですか。(15点)　　　　　　　〔福山暁の星女子中〕

(　　　　　　　　)

4 右の図のように，1辺が4cmの正方形の中に，各
辺の真ん中の点を結んで正方形をかきます。さらに，
その中に同じようにして，正方形をかきます。色の
ついた部分の面積は何cm²ですか。(15点)　〔帝塚山学院中〕

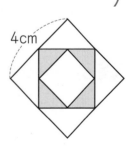

(　　　　　　　　)

答え▶別さつ23ページ

17 植木算

標準クラス

1 長さ 300 m のまっすぐな道路のかた側(がわ)に，15 m おきに木をはしからはしまで植えるとすると，木は何本必要(ひつよう)になりますか。

（　　　　　）

2 池のまわりを 1 周(しゅう)する道路に，12 m おきに木を植えると 25 本必要でした。この道路の長さは何 m ですか。〔太成学院大学中〕

（　　　　　）

3 長さが 29 cm のテープ 11 本をまっすぐにつないで，3 m のテープをつくるには，のりしろを何 cm 何 mm にすればよいですか。ただし，のりしろはどこも同じ長さとします。

（　　　　　）

4 大きい旗(はた)が 2 本，180 m はなれて立ててあります。この間に 15 m おきに小さい旗を立てていくと，小さい旗は何本いりますか。

（　　　　　）

5 右の図のように，長さ 20 cm のリボンを使って輪をつくります。リボンどうしをつなぐときののりしろは 2 cm として，次の問いに答えなさい。〔日向学院中〕

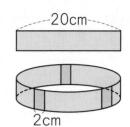

(1) リボンが1本のとき，輪の長さは何 cm ですか。

( )

(2) リボンを3本にしたとき，輪の長さは何 cm ですか。

( )

(3) 輪の長さが 4.5 m になるためには，リボンが何本必要ですか。

( )

6 たて 40 m，横 100 m の長方形の土地があります。この土地のまわりに，5 m おきにくいを立て，そこにはり金をはっていきます。1本のくいに1か所とめるために，別のはり金が 20 cm ずついります。はり金は全部で何 m いりますか。ただし，長方形の四すみにはくいを立てることとします。

( )

17 植木算

 ハイクラス

1 長さ 216 m のロープがあります。18 m おきに，目印の赤いリボンをつけていきます。目印のリボンは，はしとはしにもつけます。次の問いに答えなさい。(20点/1つ10点)

(1) 赤いリボンは何本いりますか。

(　　　　　　　　)

(2) 赤いリボンの間に，さらに 3 m おきに青いリボンをつけていきます。青いリボンは何本いりますか。

(　　　　　　　　)

2 たてが 40 cm，横が 30 cm の紙を，たて，横に 3 まいずつつないで，大きな紙をつくりたいと思います。のりしろはどこも 1 cm とすると，でき上がった紙の面積はどれだけになりますか。(15点)

(　　　　　　　　)

3 たて 200 m，横 300 m の長方形の土地があります。右の図のように，この土地のはしから 5 m 外側の長方形のまわりに，10 m おきに木を植えます。木は何本必要ですか。ただし，長方形の四すみには木を植えることとします。(15点)

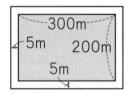

(　　　　　　　　)

4 右の図のように, たて 3 cm, 横 6 cm の 長方形の紙を, はば 1 cm ずつ重ねてはり 合わせていきます。(20点/1つ10点)〔土佐女子中一改〕

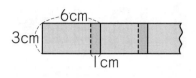

(1) この紙を 3 まいはり合わせるとき, できる長方形の面積を求めなさい。

( )

(2) 紙を何まいかはり合わせたら, 横の長さが 141 cm になりました。はり合わせた紙のまい数を求めなさい。

( )

5 長方形の土地のまわりに, 等しい間かくで木を植えようと思います。土地の 4 つの角には必ず植えるとき, 6 m の間かくでは 20 本, 4 m の間かくでは 30 本の木が必要になります。(30点/1つ15点)〔大阪教育大附属平野中〕

(1) この長方形の土地のまわりの長さを求めなさい。

( )

(2) 考えられる土地のうち, 面積が最大になるときの面積を求めなさい。

( )

18 日暦算
にち れき ざん

標準クラス

1 ある月の3日は金曜日でした。

(1) この月の, 20日は何曜日ですか。

( )

(2) この月の, 第4土曜日(4回目の土曜日)は何日ですか。

( )

2 10月15日は, 6月26日から数えて何日後ですか。

( )

3 うるう年ではないある年の1月13日が土曜日のとき, この年の4月9日は何曜日ですか。

〔帝塚山中〕

( )

4 今日は, 5月21日水曜日です。100日後は, 何月何日何曜日ですか。

( )

5 ある年の3月1日は水曜日でした。

(1) 5月は何曜日から始まりますか。

( )

(2) この年で水曜日から始まる月は，3月の次は何月になりますか。

( )

6 ある年の1月1日は月曜日でした。次の年の4月は何曜日から始まりますか。ただし，ある年も次の年もうるう年ではありません。

( )

7 2018年4月8日日曜日にうまれた子どもがいます。

(1) この子の3才の誕生日は何曜日ですか。

( )

(2) この子がうまれて1200日後は何年何月何日ですか。

( )

18 日暦算（にちれきざん）

ハイクラス

答え▶別さつ25ページ

時間 30分	とく点
合かく 80点	点

1 ある年の11月8日は月曜日でした。この年の7月7日は何曜日ですか。（10点）

（　　　　　）

2 ある年の6月1日は月曜日でした。けんじくんは，6月の間，月曜日から金曜日は毎日 800 m，土曜日と日曜日は毎日 1200 m 走りました。6月の1か月間でけんじくんは何 m 走りましたか。（10点）

（　　　　　）

3 あるうるう年の1月1日は水曜日でした。次に1月1日が水曜日になるのは何年後ですか。（10点）

（　　　　　）

4 2019年8月7日は水曜日でした。この年の12月の最初（さいしょ）の木曜日は何日ですか。（10点）

（　　　　　）

5 あるうるう年でない年の１月１日は木曜日でした。(20点/1つ10点)

(1) 火曜日から始まる月をすべて求めなさい。

(　　　　　　　)

(2) この年の２月１日から 200 日前は何月何日何曜日ですか。

(　　　　　　　)

6 ある年は４月９日の月曜日が１学期の始業式で, 12月22日の土曜日が２学期の終業式です。この間に木曜日は何日ありますか。(10点)

〔佼成学園中〕

(　　　　　　　)

7 ある月の土曜日は５回あります。最初と最後の土曜日の日にちの積は60です。第３土曜日の日にちは何日ですか。(15点)　　〔大阪教育大附属平野中〕

(　　　　　　　)

8 2019年２月３日は日曜日でした。次に２月３日が日曜日になるのは何年ですか。2020年がうるう年であることに注意しなさい。(15点)

〔お茶の水女子大附中－改〕

(　　　　　　　)

19 周期算

しゅう き ざん

標準クラス

1 青, 緑, 黄, 赤, 青, 緑, 黄, 赤, ……のように, いくつかのおはじきが順番にならんでいます。このとき, 37番目のおはじきは何色ですか。

（　　　　　　　）

2 ●●○○○●●○○○●●……のように, あるきまりにしたがって白いご石と黒いご石をならべていきます。

(1) ご石を48こならべたとき, 48番目のご石は黒と白のどちらですか。

（　　　　　　　）

(2) ご石を48こならべたとき, その48このご石の中に白いご石は何こありますか。

（　　　　　　　）

3 下のように, あるきまりにしたがって数字がならんでいます。
1, 2, 3, 3, 2, 1, 1, 2, 3, 3, 2, 1, 1, ……

(1) はじめから82番目の数字は何ですか。

（　　　　　　　）

(2) はじめから82番目までの数をすべてたすと, いくつになりますか。

（　　　　　　　）

4 1辺1cmの正方形を，図の
ようにならべていきます。

〔福山暁の星女子中〕

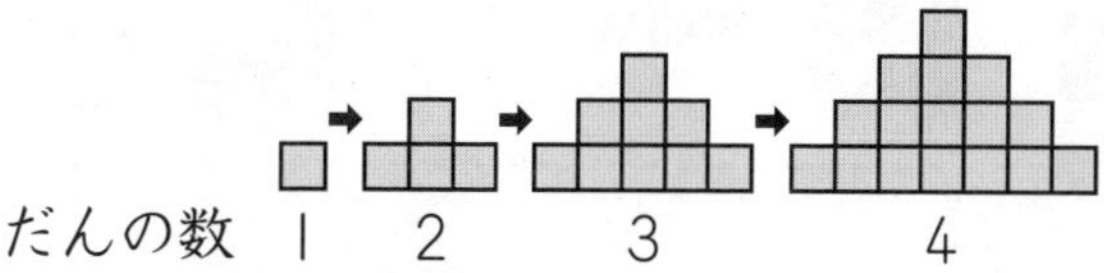

だんの数　1　　2　　　3　　　　4

(1) だんの数とその周の長さを調べ
てみました。その結果を右の表
に完成させなさい。

だんの数（だん）	1	2	3	4	5
周の長さ（cm）	4	10			

(2) 10だんならべたときの周の長
さを求めなさい。

（　　　　　　　　　）

(3) 周の長さが2008cmになるのは，何だんならべたときかを求めなさ
い。

（　　　　　　　　　）

5 1辺が2cmの2種類の正三角形の
タイルを右の図のように，あるきそ
くにしたがって，すき間なくならべ
ていきました。

〔帝塚山中〕

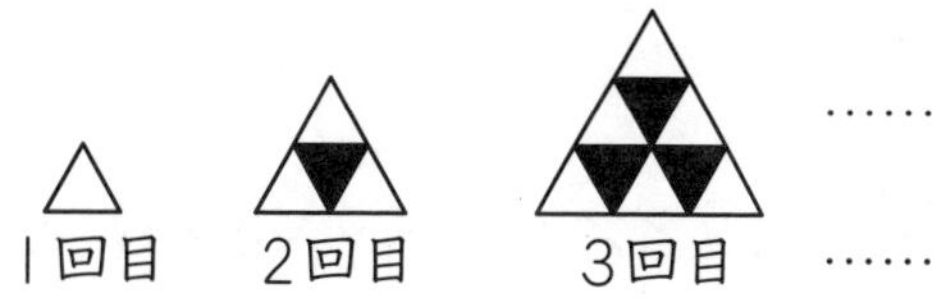

1回目　2回目　3回目　……

(1) 6回目には，タイルは全部で何まいありますか。

（　　　　　　　　　）

(2) △のタイルが36まいあるのは，何回目のときですか。

（　　　　　　　　　）

(3) ▼のタイルが91まいあるとき，△のタイルは全部で何まいですか。

（　　　　　　　　　）

→ ハイクラス

答え▶別さつ27ページ

時 間	30分	とく点
合かく	80点	点

1 次のように，あるきそくにしたがって数がならんでいます。
1, 3, 5, 2, 4, 6, 1, 3, 5, 2, 4, 6, 1, 3, 5, 2, 4, 6, 1, ……
このとき，はじめから数えて596番目の数は何ですか。(10点) 〔和歌山信愛中〕

( )

2 ○●○○○○●○●○○○●○●○○○●○……のように，黒石と白石を，あるきまりにしたがって100こならべるとき，黒石は何こ必要（ひつよう）ですか。(10点) 〔湘南学園中〕

( )

3 8×8×8×……×8×8（8が50こ）の計算をしたとき，一の位（くらい）の数はいくつですか。(10点) 〔足立学園中〕

( )

4 次のように，数があるきまりにしたがってならんでいます。10回目に出てくる2は，最初（さいしょ）から数えて何番目ですか。(10点) 〔青雲中〕
1, 1, 2, 1, 2, 3, 1, 2, 3, 4, 1, 2, 3, 4, 5, ……

( )

5 右の表のように, 1行目の左から順(じゅん)に0, 1, 2, 3をくり返しならべます。例(れい)として, アの場所に2があることを「3行目の5列目に2がある」といいます。(30点/1つ10点)

〔高槻中〕

	1列目	2列目	3列目	4列目	5列目	6列目	7列目
1行目	0	1	2	3	0	1	2
2行目	3	0	1	2	3	0	1
3行目	2	3	0	1	ア2	3	0
4行目	1	2	3	0	1	2	3
・	・	・	・	・	・	・	・
	・	・	・	・	・	・	・

(1) 10行目の1列目は何ですか。

( )

(2) 500行目の4列目は何ですか。

( )

(3) ならべた順で1000番目の1は, 何行目の何列目にあたりますか。

( )

6 右の図のように, 重なる部分が1辺(べん)2cmの正方形になるように, 1辺5cmの正方形の紙をならべて図形をつくります。(30点/1つ15点)

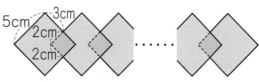

(1) この図形の面積(めんせき)が1033cm² になるのは, 1辺5cmの正方形の紙を何まいならべたときですか。

( )

(2) (1)のとき, この図形のまわりの長さは何cmですか。

( )

20 集合算

1 ゆうたさんのクラスの人数は 39 人です。兄のいる人は 15 人，姉のいる人は 23 人です。兄も姉もいない人は 9 人です。次の問いに答えなさい。

(1) 兄も姉もいる人は何人ですか。

(　　　　)

(2) 兄はいるが，姉のいない人は何人ですか。

(　　　　)

(3) 姉はいるが，兄のいない人は何人ですか。

(　　　　)

2 理科のテストがありました。問題は 2 問あって，1 番ができた人は 17 人，2 番ができた人は 23 人，両方できた人は 10 人でした。両方できなかった人は何人いましたか。この組の人数は 30 人です。

(　　　　)

3 だいすけさんの組で遠足の場所についてアンケート調さをしました。すると，動物園へ行きたい人は 23 人，水族館へ行きたい人は 30 人，どちらへも行きたくない人は 6 人いました。動物園にも水族館にも行きたい人は何人いましたか。だいすけさんの組の人数は 43 人です。

(   )

4 算数のテストがありました。問題は 2 問あって，1 番ができた人は 18 人，2 番ができた人は 25 人，1 番も 2 番もできなかった人は 3 人でした。2 問ともできた人には，1 人に 3 本ずつえん筆を配ります。何本のえん筆を用意すればよいですか。この組の人数は 42 人です。

(   )

5 40 人のクラスで，国語と算数のテストをしたところ，国語が 60 点以上の人は 28 人，算数が 60 点以上の人は 20 人，国語・算数ともに 60 点未満の人は 7 人でした。 〔熊本マリスト学園中〕

(1) 国語・算数ともに 60 点以上の人は何人ですか。

(   )

(2) 算数だけが 60 点以上の人は何人ですか。

(   )

20 集合算　　ハイクラス

1 生徒が 40 人いるクラスで，通学に利用する乗り物を調べたところ，電車を利用する生徒が 25 人，バスを利用する生徒が 21 人でした。また，どちらも利用しない生徒は 8 人でした。電車とバスの両方を利用する生徒は何人ですか。(10点)　　　　〔桜美林中〕

(　　　　　　　)

2 子ども会で，山と海に行きました。参加した人は 40 人で，そのうち，山へ行った人は 25 人，海へ行った人は 23 人でした。
山だけに行った人には 1 人 250 円，海だけに行った人には 1 人 300 円，両方へ行った人には 1 人 500 円を，子ども会から出しました。子ども会が出したお金は全部で何円でしたか。(10点)　　　　〔京都教育大附中〕

(　　　　　　　)

3 ある 45 人のクラスでテストをしました。その結果，第 1 問の正かい者は 37 人，第 2 問の正かい者は 25 人でした。(20点/1つ10点)　　　　〔青雲中〕

(1) 2 問とも正かいした人は，もっとも少ないとき何人ですか。

(　　　　　　　)

(2) 2 問とも正かいした人は，もっとも多いとき何人ですか。

(　　　　　　　)

4 クラスの生徒 40 人は，全員，パソコンとデジタルカメラとけい帯電話のうち 2 つを持っています。ただし，3 つとも持っている生徒はいません。パソコンを持っている生徒が 25 人いるとすると，デジタルカメラとけい帯電話の 2 つを持っている生徒は何人いますか。(15点)

〔南山中女子部〕

(   )

5 40 人のクラスがあります。サッカークラブと絵画クラブとバレーボールクラブでクラブの希望調さをしました。

サッカークラブは 14 人で，絵画クラブは 6 人で，バレーボールクラブは 23 人でした。また，サッカークラブとバレーボールクラブを希望した人は 2 人でした。バレーボールクラブと絵画クラブを希望した人はいませんでした。サッカークラブと絵画クラブを希望した人は 1 人でした。バレーボールクラブだけを希望した人は 20 人でした。

次の問いに答えなさい。(45点/1つ15点)

(1) 3 つとも希望した人は何人ですか。

(   )

(2) サッカークラブだけを希望した人は何人ですか。

(   )

(3) クラブを希望しなかった人は何人ですか。

(   )

21 和差算

わ さ ざん

1 A，Bの2つの数があります。その和は73で，差は19です。A，Bのそれぞれの数を求めなさい。ただし，AはBより大きいとします。

A（　　　　　　　　）B（　　　　　　　　）

2 あいさんとまみさんは，2人合わせて800円おこづかいを持っています。また，あいさんは，まみさんより120円多く持っています。あいさんはいくらおこづかいを持っていますか。

（　　　　　　　　）

3 84cmのはりがねを折り曲げて，長方形を作りました。たてより横が8cm長いとき，たての長さを求めなさい。ただし，はりがねの太さは考えないものとします。　〔愛知教育大附属名古屋中〕

（　　　　　　　　）

4 AさんとBさんの年れいの和は，CさんとDさんの年れいの和に等しく42才です。また，BさんはAさんより4才年上で，Dさんより8才年上です。Cさんは何才ですか。　〔金光学園中〕

（　　　　　　　　）

5 大小2つの数があります。その和は150で，和をその差でわると25になります。大きいほうの数はいくつですか。〔関西学院中〕

（　　　　）

6 2つの数のひき算をするところを，まちがえてたし算をしたので，結果は102になりました。これは正しい答えの17倍です。この2つの数のかけ算をするといくつになりますか。〔市川中〕

（　　　　）

7 3つの数㋐，㋑，㋒があります。㋑は㋒より5大きく，㋐は㋑より20大きい数です。3つの数の合計は453です。㋐はいくつですか。〔同志社中〕

（　　　　）

8 まわりの長さが60 cmの三角形があります。3つの辺の長さは，それぞれ5 cmずつちがいます。3つの辺の長さをそれぞれ求めなさい。

（　　　　　　　　）

1 ある日の日の出の時こくは午前4時58分でした。この日は，昼の長さが夜の長さより4時間22分長い日でした。この日の日の入りの時こくは午後何時何分でしたか。(10点)　〔同志社女子中〕

(　　　　　　　　)

2 3問で10点満点（まんてん）のテストを，50人が受けました。この表は得点（とくてん）と人数の表です。

得点（点）	10	8	6	4	2	0
人数（人）	8	12	16	10	4	0

第1問は2点，第2問は2点，第3問は6点で，第1問のできた人は第2問のできた人より10人多くいました。第1問のできた人は何人ですか。(10点)　〔広島学院中〕

(　　　　　　　　)

3 右の図のように○と□をならべて線でつなぎ，その中に数を入れました。ただし，□に入る数は両どなりの○に入った数をたしたものになっています。イ，エ，クにそれぞれ7，8，12が入っているとき，次の問いに答えなさい。　〔大阪桐蔭中〕

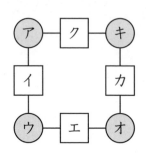

(1) カに入る数を求（もと）めなさい。(10点)

(　　　　　　　　)

(2) キに入る数がオに入る数より3大きいとき，ア，ウ，オ，キに入る数をそれぞれ求めなさい。(20点/1つ5点)

ア(　　　　) ウ(　　　　) オ(　　　　) キ(　　　　)

4 右の①〜④のア，イ，ウ，エには，それぞれ同じ整数があてはまります。このとき，次の問いに答えなさい。

(30点/1つ10点)〔桜美林中〕

$$\boxed{ア}+\boxed{イ}+\boxed{ウ}+\boxed{エ}=15 \quad \cdots\cdots①$$
$$\boxed{ア}+\boxed{イ}+\boxed{ウ}-\boxed{エ}=3 \quad \cdots\cdots②$$
$$\boxed{ア}+\boxed{イ}-\boxed{ウ}+\boxed{エ}=7 \quad \cdots\cdots③$$
$$\boxed{ア}\times\boxed{イ}\times\boxed{ウ}\times\boxed{エ}=144 \cdots\cdots④$$

(1) ①と②を使って，エにあてはまる整数を求めなさい。

( )

(2) ウにあてはまる整数を求めなさい。

( )

(3) アとイにあてはまる整数を求めなさい。ただし，アにはイより大きい整数があてはまります。

ア ( ) イ ( )

5 4つの数A，B，C，Dの和は100で，小さい順にA，B，C，Dとするとき，AとB，CとDの差は等しく，AとDの差は14，BとCの差は6です。A，B，C，Dはそれぞれいくつですか。

(20点/1つ5点)

A ( ) B ( ) C ( ) D ( )

答え ▶ 別さつ30ページ

22 つるかめ算

標準クラス

1 1さつ600円と700円の参考書を合わせて19さつ買ったところ, その合計金がくは12500円でした。このとき, 700円の参考書は何 さつ買いましたか。

〔近畿大附中〕

( )

2 1さつ80円のノートと1さつ150円のノートを合わせて14さつ買 ったところ, 代金の合計が1470円になりました。80円のノートと 150円のノートをそれぞれ何さつ買いましたか。

〔大阪産業大附中〕

80円のノート ( ) 150円のノート ( )

3 1こ60円のみかんと1こ110円のりんごを合わせて30こ買ったと ころ, 代金は2700円でした。みかんを何こ買いましたか。

〔ノートルダム清心中〕

( )

4 100gで370円の牛肉と, 100gで210円のぶた肉を合わせて 850g買い, 代金2665円をしはらいました。それぞれ何g買いま したか。

〔プール学院中〕

牛肉 ( ) ぶた肉 ( )

5 みかんが全部で 4200 こあります。このみかんを 200 こ入りの箱と 250 こ入りの箱にちょうどつめ合わせることができました。箱のこ数は合計で 18 こです。200 こ入りの箱は何こありますか。 〔関西学院中〕

(　　　　　　　)

6 320 円のケーキと 240 円のシュークリームを合わせて 20 こ買い，140 円の箱に入れてもらったところ，代金は 5500 円でした。このとき，ケーキを何こ買いましたか。 〔神戸海星女子中〕

(　　　　　　　)

7 最初に 100 点持っています。じゃんけんをして，勝てば 13 点ふえ，負ければ 5 点へります。ただし，あいこはないものとします。 〔帝塚山学院中〕

(1) 5 回じゃんけんをして 3 回勝つと，何点になりますか。

(　　　　　　　)

(2) 20 回じゃんけんをしたとき，252 点になりました。何回勝ちましたか。

(　　　　　　　)

22 つるかめ算 → ハイクラス

1 1こ130円のなしと1こ90円のりんごを，合わせて45こ買い，500円の箱につめます。5000円以内で，なしをできるだけ多く買うとすると，なしとりんごはそれぞれ何こ買うことになりますか。

(10点)

（　　　　　　　　　）

2 600このグラスを運ぶと，1こにつき7円の運賃がもらえます。ただし，運ぶとちゅうでこわすと，その分の運賃をもらえないばかりでなく，1こにつき10円はらわなくてはなりません。もらった運賃が3945円だったとすると，運ぶとちゅうで，グラスを何ここわしましたか。(10点)

（　　　　　　　　　）

3 1こ30円，40円，50円の3種類のあめを，あわせて10こ買うと，430円でした。あめを買ったこ数は50円がいちばん多く，40円，30円の順でした。あめはそれぞれ何こ買いましたか。(10点)

30円（　　　　　）　40円（　　　　　）　50円（　　　　　）

4 赤，青，黄の3種類の玉が全部で30こあり，赤玉には3，青玉には4，黄玉には5の数字が書いてあります。玉に書いてある数字の合計は129で，赤玉と青玉のこ数は同じです。黄玉は何こありますか。

(10点)〔広島学院中〕

（　　　　　　　　　）

5 太郎君はおかしを買いに行きました。その店では１こ170円のおかしＡと，１こ130円のおかしＢと，１こ90円のおかしＣが売られています。(30点/1つ15点)　　　　　　　　　　　　　〔奈良学園登美ヶ丘中〕

(1) おかしＢとＣを合わせて20こ買うと2280円でした。おかしＢを何こ買いましたか。

$$(\qquad\qquad)$$

(2) おかしＡとＢとＣを合わせて50こ買うと6300円でした。買ったおかしＡとＢのこ数は同じでした。おかしＣを何こ買いましたか。

$$(\qquad\qquad)$$

6 ある店で，１本20円のえん筆，１本40円のボールペン，１本80円のサインペンが売られています。Ａ君，Ｂ君，Ｃ君はそれぞれ別々にこの店に行き，３人ともえん筆とボールペンとサインペンを合わせて10本買って，460円ずつはらいました。買ったサインペンの本数は３人ともちがい，サインペンの本数がいちばん多かったのはＢ君でした。また，Ａ君が買ったサインペンの本数は３本でした。このとき，次の問いに答えなさい。(30点/1つ15点)　　　　　　　　　　〔高田中〕

(1) Ａ君はえん筆とボールペンをそれぞれ何本買いましたか。

えん筆 $(\qquad)$　　ボールペン $(\qquad)$

(2) Ｂ君，Ｃ君はえん筆とボールペンとサインペンをそれぞれ何本買いましたか。

(Ｂ君) えん筆 $(\qquad)$ ボールペン $(\qquad)$ サインペン $(\qquad)$

(Ｃ君) えん筆 $(\qquad)$ ボールペン $(\qquad)$ サインペン $(\qquad)$

23 過不足算

1 リボンがあります。これを同じ長さずつ切っていきます。5本つくると，15cm残り，7本つくると，3cm残ります。もとのリボンの長さは何cmでしたか。

（　　　　　　　）

2 何人かの子どもにみかんを4こずつ配ると6こあまり，5こずつ配ると最後の1人は2こになります。みかんの数は全部で何こですか。

（　　　　　　　）

3 子どもたちにえん筆を同じ数ずつ配ることにしました。9本ずつ配ると3本あまり，12本ずつ配ると36本たりません。　〔明星中〕

(1) 子どもの数を求めなさい。

（　　　　　　　）

(2) えん筆の数を求めなさい。

（　　　　　　　）

4 おはじきを子どもに分けるのに，１人に８こずつ分けると 20 こ不足^{ふそく}し，７こずつ分けると５こ不足します。おはじきは何こありますか。

(　　　　　　　)

5 カードを子ども１人につき９まいずつ配ると，10 まいたりません。そこで，７まいずつ配ると，ちょうど配れました。子どもの人数とカードのまい数を求めなさい。

子ども (　　　　　　)　カード (　　　　　　)

6 子ども会でハイキングに行くのに，子ども１人につき 800 円ずつ集めると，予定していた金がくより，900 円多くなります。子ども１人につき 750 円ずつ集めると，予定していた金がくより，100 円多くなります。次の問いに答えなさい。

(1) 子どもの人数を求めなさい。

(　　　　　　　)

(2) 予定していた金がくを求めなさい。

(　　　　　　　)

23 過不足算 ハイクラス

答え▶別さつ32ページ

時間 30分	とく点
合かく 80点	点

1 箱がいくつかあります。なしを，1箱に6こずつ入れると，なしが10こあまります。1箱に8こずつ入れると，2箱あまります。

(20点/1つ10点)

(1) 箱の数を求めなさい。

(　　　　)

(2) なしの数を求めなさい。

(　　　　)

2 ノートを何人かの子どもたちで分けるとき，1人2さつずつ分けると48さつあまり，1人7さつずつ分けると72さつたりません。1人何さつずつ分けるとちょうど同じ数ずつ分けることができますか。

(10点)〔関西大倉中〕

(　　　　)

3 クラス全員にあめを1人5こずつ配ると，10こ不足(ふそく)します。ほしくない人が11人いたので，残(のこ)りの人にもう一度7こずつ配りなおすと，17こ不足します。あめは何こありましたか。(10点)〔武庫川女子大附中〕

(　　　　)

4 なべにスープをつくり，何人かに配ります。１人に150gずつ配る とスープが100g残り，また，１人に180gずつ配ろうとすると， まったく配れない人が２人と40gしか配れない人が１人出てきます。 スープは，全部で何gありますか。(15点)　　　　　　　〔市川中〕

（　　　　　　）

5 いくつかのみかんを，大人と子どもに分けようと思います。子どもは 大人より３人多くいます。子ども１人に６こ，大人１人に３こずつ配 ると37こあまり，子ども１人に９こ，大人１人に５こずつ配ると， ２こ不足します。(30点/1つ15点)　　　　　　　　　　〔広島城北中〕

(1) 子どもの人数は何人ですか。

（　　　　　　）

(2) みかんは全部で何こありますか。

（　　　　　　）

6 あるクラスの生徒40人にえん筆を配ることにしました。男子に５本 ずつ，女子に３本ずつ配ると６本あまることがわかりました。そこで， 新たに20本追加して，男子に４本ずつ，女子に５本ずつ配ると，過 不足はありませんでした。はじめに用意していたえん筆は全部で何本 ですか。(15点)　　　　　　　　　　　　　　　　　　　〔灘中〕

（　　　　　　）

24 分配算

🌱 標準クラス

1 けんじさんのおこづかいは，まさとさんのおこづかいの2倍で，2人のおこづかいを合わせると1260円になります。

(1) 1260円は，まさとさんのおこづかいの何倍になりますか。

(   )

(2) けんじさんとまさとさんのおこづかいは，それぞれ何円ですか。

けんじ (   )   まさと (   )

2 224このどんぐりを，姉と妹で分けました。姉のどんぐりの数は，妹のどんぐりの数の3倍になりました。

(1) 224このどんぐりは，妹のどんぐりの数の何倍になりますか。

(   )

(2) 姉と妹のどんぐりの数は，それぞれ何こですか。

姉 (   )   妹 (   )

3 33このあめをゆうなさんと妹で分けると，ゆうなさんのあめの数は，妹のあめの数の３倍より５こ多くなりました。ゆうなさんと妹のあめの数を，それぞれ答えなさい。

ゆうな（　　　　　　　） 妹（　　　　　　　）

4 29このおはじきを，兄と弟で分けました。兄のおはじきの数は，弟のおはじきの数の３倍より３こ少なくなりました。兄と弟は，それぞれ何こずつおはじきを持っていますか。

兄（　　　　　　　） 弟（　　　　　　　）

5 いつきさんとお兄さんのおこづかいの合計は10000円です。お兄さんのおこづかいは，いつきさんのおこづかいの２倍より1000円多いそうです。２人のおこづかいはそれぞれ何円ですか。

いつき（　　　　　　　） 兄（　　　　　　　）

6 店の売り上げが83000円ありました。これをA，Bの２人で分けようと思います。BがAの３倍より7000円少なくなるように分けるためには，それぞれ何円ずつ分配するとよいですか。

A（　　　　　　　） B（　　　　　　　）

24 分配算　→ ハイクラス

1 650円をA，B，Cの3人で分けるのに，AはBより35円多く，CはBより30円少なくなるように分けました。Cは，何円もらいましたか。(10点)

(　　　　　　　)

2 120このあめを，A，B，Cの3人で分けます。AはBの2倍，CはBの3倍になるように分けると，Bは何こもらえますか。(10点)

(　　　　　　　)

3 2700円をさくらさんとお兄さんと妹の3人で分けます。お兄さんはさくらさんより200円多く，妹はさくらさんより500円少なく分けます。3人は，それぞれ何円になりますか。(10点)

兄 (　　　　　　) さくら (　　　　　　) 妹 (　　　　　　)

4 2400円をまさおさんとお兄さんと弟の3人で分けようと思います。兄は弟の4倍，まさおさんは弟の3倍になるように分けます。3人は，それぞれ何円になりますか。(10点)

兄 (　　　　　　) まさお (　　　　　　) 弟 (　　　　　　)

5 2つの数A，Bがあります。AをBでわると商は22であまりは16です。また，AとBの和は407です。AとBはそれぞれいくらですか。(15点)

A（　　　　　　　） B（　　　　　　　）

6 700円を，AはBの2倍より40円多く，CはBの5倍より20円少なくなるように分けると，3人の金がくはそれぞれいくらになりますか。(15点)

A（　　　　　　） B（　　　　　　） C（　　　　　　）

7 みかん，りんご，なしが合わせて75こあります。なしは，みかんの3倍より6こ少なく，りんごは，なしの2倍より3こ多いです。なしは何こありますか。(15点)　　　　　　　　　　　　　　　　　〔香蘭女学校中〕

（　　　　　　　）

8 A，B，Cの3人が持っているおはじきをかぞえると，合計で95こあります。今，AがBに12このおはじきをあげると，2人のおはじきの数は同じになり，また，その数はCの2倍と同じになります。はじめ，Bが持っていたおはじきの数は何こでしたか。(15点)　　　〔桜美林中〕

（　　　　　　　）

25 年れい算

1 いま，はなこさんは 10 才で，お母さんは 33 才です。お母さんの年れいがはなこさんの年れいの 2 倍になるのは，いまから何年後ですか。

〔帝塚山学院中〕

(   )

2 いま，父の年れいは 32 才，子どもの年れいは 5 才です。

(1) 父の年れいが子どもの年れいの 4 倍になるのは何年後ですか。

(   )

(2) 父の年れいが子どもの年れいの 10 倍だったのは何年前ですか。

(   )

3 現在，母親の年れいは 40 才，2 人の子どもはそれぞれ 15 才，12 才です。子どもたちの年れいの和が母親の年れいと同じになるのは何年後ですか。

〔桜美林中〕

(   )

4 現在，母の年れいは 42 才，3 人の子どもの年れいは 14 才，8 才，6 才です。子どもの年れいの和が母の年れいと等しくなるのは何年後ですか。
〔比治山女子中〕

(　　　　　)

5 現在，父とむすめの年れいの合計は 62 才です。20 年後に父の年れいはむすめの年れいの 2 倍になります。現在のむすめの年れいは何才ですか。
〔賢明女子学院中〕

(　　　　　)

6 いまから 5 年前，A 君の年れいはお父さんの年れいの $\dfrac{1}{3}$ で，いまから 5 年後，A 君とお父さんの年れいの和が 72 才になります。現在のA 君の年れいは何才ですか。
〔帝塚山中〕

(　　　　　)

7 現在，A 君と 3 才ちがいの弟の年れいの和の 2 倍はお父さんの年れいになり，21 年後には，その和がお父さんの年れいと同じになるといいます。現在の弟の年れいは何才ですか。
〔岡山白陵中〕

(　　　　　)

答え▶別さつ35ページ

25 年れい算　ハイクラス

時間	30分	とく点
合かく	80点	点

1 父とむすめの現在(げんざい)の年れいをたすと，46 才です。5 年後には父の年れいはむすめの年れいの 3 倍になります。現在のむすめの年れいは何才ですか。(10 点)　〔弘学館中〕

(　　　　)

2 いまから 5 年前は，母の年れいはむすめの年れいの 4 倍でしたが，いまから 9 年後には 2 倍になります。いまの母の年れいは何才ですか。(10 点)　〔甲南女子中〕

(　　　　)

3 いま，A 君の年れいとお父さんの年れいの和は 60 才で，お父さんの年れいは A 君の年れいの 4 倍です。このとき，次の問いに答えなさい。(20 点/1 つ 10 点)　〔高田中〕

(1) お父さんの年れいが A 君の年れいの 3 倍になるのは，いまから何年後ですか。

(　　　　)

(2) A 君には 2 才上のお兄さんがいます。いまから何年後かに，A 君の年れいとお兄さんの年れいの和がお父さんの年れいに等しくなります。そのとき，A 君の年れいは何才ですか。

(　　　　)

4 じろう君の家は，父と母と兄と妹のいる５人家族であり，家族全員ことなる年れいです。いま，父と母の年れいの和は，３人の子どもの年れいの和のちょうど６倍で，１年後にはちょうど５倍になります。また，兄は妹より５つ年上です。(30点/1つ15点)　　　〔金蘭千里中〕

(1) 父と母の年れいの和が３人の子どもの年れいの和のちょうど２倍になるのは，いまから何年後ですか。

(　　　　　　　)

(2) じろう君は，いま何才ですか。

(　　　　　　　)

5 たろう君には，両親と何人かの兄弟がいます。家族の現在の年れいの合計は84才です。どの弟の年れいも，すぐ上の兄の年れいの半分になっています。いまから４年後には，両親の年れいの合計は子どもたちの年れいの合計の３倍になります。さらにその５年後には，家族の年れいの合計は129才になります。(30点/1つ10点)　　　〔学習院中ー改〕

(1) 子どもの人数を求めなさい。

(　　　　　　　)

(2) 現在の両親の年れいの合計を求めなさい。

(　　　　　　　)

(3) 現在の長男の年れいを求めなさい。

(　　　　　　　)

答え▶別さつ35ページ

時間　30分	とく点
合かく　80点	点

チャレンジテスト⑦

1 A，B，Cの３人が，くり拾いに行きました。Bが拾ったくりのこ数はAが拾ったくりのこ数より５こ多く，Cが拾ったくりのこ数より３こ少なかったです。(20点/1つ10点)　〔三輪田学園中〕

(1) CはAより何こ多く拾いましたか。

(　　　　　)

(2) ３人が拾ったくりのこ数の合計は133こでした。Aが拾ったくりのこ数は何こでしたか。

(　　　　　)

2 下の図のように，１つの正三角形を等しい大きさの正三角形に分け，１から順(じゅん)に整数(せいすう)をあてはめていきます。(20点/1つ10点)　〔比治山女子中〕

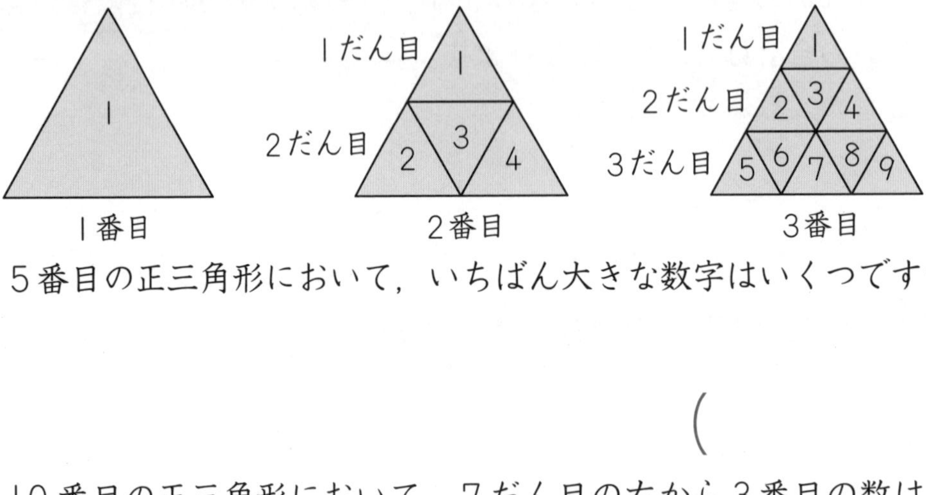

(1) ５番目の正三角形において，いちばん大きな数字はいくつですか。

(　　　　　)

(2) 10番目の正三角形において，７だん目の左から３番目の数はいくつですか。

(　　　　　)

3 みかん，りんご，かきの3種類のくだものが合わせて160こあります。みかんとりんごのこ数は同じです。この160このくだものを，80人の生徒に2こずつ分けました。もらった種類とその人数を調べると，次のことがわかりました。

　㋐　みかんを2こもらった生徒は11人

　㋑　りんごを2こもらった生徒と，かきを2こもらった生徒数は同じ

　㋒　ちがった種類のくだものをもらった生徒は39人

　㋓　かきをもらった生徒は41人

　このとき，次の問いに答えなさい。(45点/1つ15点)　　　　　〔同志社香里中〕

(1) かきを2こもらった生徒は何人ですか。

（　　　　　　）

(2) りんごとかきを1こずつもらった生徒は何人ですか。

（　　　　　　）

(3) みかんは何こありますか。

（　　　　　　）

4 ある月の最初の木曜日，次週(第2週)の火曜日，第3週の木曜日，第4週の火曜日の4日分の日にちをすべてたすと，54になりました。この月の1日は何曜日ですか。(15点)　　　　　〔聖ヨゼフ学園中〕

（　　　　　　）

1 10 m のリボンがあります。まゆさんとゆいさんとみかさんで分けます。まゆさんは，ゆいさんの $\frac{1}{2}$ もらいます。みかさんは，ゆいさんの $\frac{1}{6}$ もらいます。それぞれ何 m もらいますか。(10点)

まゆ（　　　　　）　ゆい（　　　　　）　みか（　　　　　）

2 1辺が 5 cm の正方形の折り紙をはり合わせて，大きな正方形をつくります。のりしろのはばをすべて 1 cm として，16 まいの折り紙をはり合わせてできる大きな正方形の面積は何 cm² ですか。(10点)

（　　　　　　　　　）

3 いちろう君の家族は，父，母，いちろう君の 3 人家族です。父は母より 8 才年上で，母といちろう君の年れいの和は父の年れいより 4 才少なく，母の年れいはいちろう君の年れいの 6 倍より 2 才多いです。花子さんの家族は，父，母，兄，花子さん，弟の 5 人家族です。兄の年れいは花子さんの年れいの 2 倍です。また，父と母の年れいの和は子ども 3 人の年れいの和の 4 倍で，7 年後には 2 倍になります。

(30点/1つ15点) 〔六甲中一改〕

(1) いちろう君の父は，現在何才ですか。

（　　　　　　　　　）

(2) 花子さんの弟は，現在何才ですか。

（　　　　　　　　　）

④ ある小学校の6年生87人が小テストを受けました。1番は3点，2番は2点の2問あり，全員が少なくとも1問はできました。また，全員の合計とく点は314点で，2番だけが正かいのものは13人いました。1番だけができた人は何人いましたか。(20点) 〔甲南中〕

(   )

⑤ 右の図は，A駅からN駅まで14駅ある鉄道の路線図です。となり合う駅のいどうにかかる時間は2分か3分か4分で，14の区間のうち，2分かかる区間が5つ，3分かかる区間が5つ，4分かかる区間が4つあります。

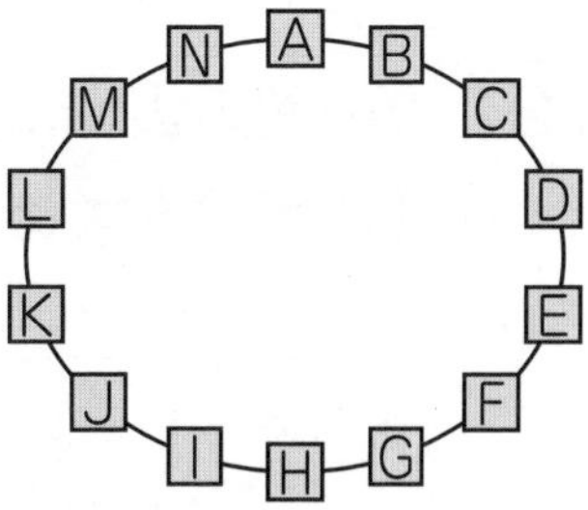

- A駅からH駅までは，時計回りのほうが早く着きます。
- A駅からG駅までは，時計回りのほうが反時計回りより5分早く着きます。
- F駅〜H駅間にかかる時間とL駅〜N駅にかかる時間は同じです。
- A駅からE駅まで時計回りでかかる時間とA駅からK駅まで反時計回りでかかる時間は，ともに10分です。

ただし，駅での停車時間は考えません。(30点/1つ15点) 〔東海中〕

(1) A駅からG駅まで，時計回りでかかる時間は何分ですか。

(   )

(2) F駅からM駅まで，時計回りでかかる時間は何分ですか。

(   )

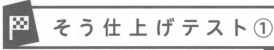

答え▶別さつ37ページ

時 間	30分	とく点
合かく	80点	点

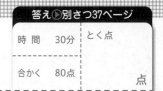

1 4m85cm のはり金があります。このはり金を，まさおさんのグループ6人で同じ長さずつに切ります。1人何cm ずつで，何cm残りますか。(10点)

(　　　　　　　　　　　　)

2 次の図のように，長方形の畑に道をつけました。道をのぞいた畑の部分の面積を求めなさい。(20点/1つ10点)

(1)

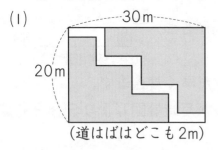

30m
20m
(道はばはどこも2m)

(2)

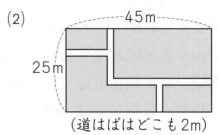

45m
25m
(道はばはどこも2m)

(　　　　　　　) (　　　　　　　)

3 1，3，5，7の数字を1回ずつと，小数点を使ってできる小数のうちで，いちばん大きい数といちばん小さい数の差を求めなさい。(10点)

(　　　　　　　　　　　　)

4 1兆を5こと，1億を47こ合わせた数を数字で書くと，数字の0は何こありますか。(10点)　〔広島大附属東雲中〕

(　　　　　　　　　　　　)

[5] Aさんと Bさんは，A，B，A，B，……の順に5回ずつシュートをしました。結果について，次のことがわかっています。成功は○，失敗は×として，空らんに○，×を書きなさい。(10点)　〔関東学院中〕

㋐ Bさんは，1回目を失敗した。

㋑ Aさん，Bさんとも，2回続けて失敗することはなかった。

㋒ 2人続けて失敗することはなかった。

㋓ シュートの成功数は，Bさんのほうが多かった。

回	1	2	3	4	5
Aさん					
Bさん	×				

[6] 右の図のように，ご石で正三角形をつくっていきます。

(40点/1つ10点)

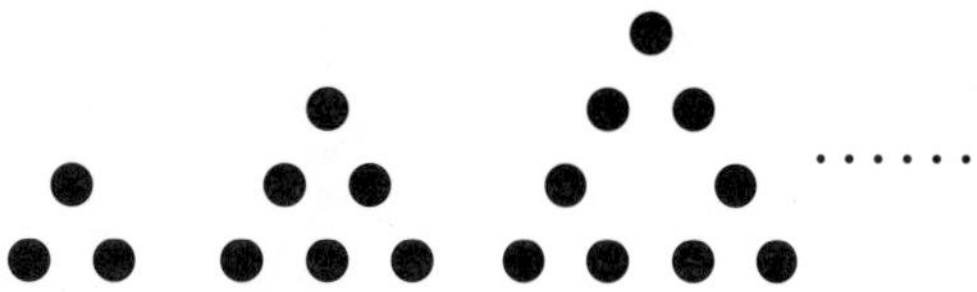

(1) 次の表を完成させなさい。

1辺の数(こ)	2	3	4	5	6	7
まわりの数(こ)	3	6	9			

(2) 1辺のご石が10このとき，まわりのご石の数は何こですか。

(　　　　　)

(3) まわりのご石の数が90このとき，1辺のご石の数は何こですか。

(　　　　　)

(4) 1辺のご石の数を□こ，まわりのご石の数を△ことして，□を使って，△の数を表す式を書きなさい。

(　　　　　)

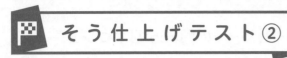

時 間	30分	とく点
合かく	80点	点

そう仕上げテスト②

1 かいとさんは，1周が 2.8 km の公園のまわりを毎日1周ずつ，12日間で 12 周走りました。かいとさんは何 km 走ったことになりますか。(10点)

( )

2 ある数を 17 でわるところを，まちがえて 17 をかけてしまったので，答えが 140.42 になりました。(20点/1つ10点)

(1) ある数を求めなさい。

( )

(2) 正しい答えを，四捨五入して小数第二位まで求めなさい。

( )

3 ある遊園地の入園者数を四捨五入して，上から1けたのがい数に表すと 50000 人でした。実さいの入園者数のはん囲を（ ）の中に書きなさい。(10点)

( ) 人以上 ( ) 人以下

( ) 人以上 ( ) 人未満

4 兄と弟の2人がいます。おはじきを2人合わせて60こ取りました。お兄さんが取ったこ数は，弟が取ったこ数の4倍だったそうです。お兄さんが取ったおはじきのこ数を求めなさい。(15点)

( )

5 右の図のように，マッチぼうを右に向かってならべていきます。15本のマッチぼうすべてを使うと，三角形は何こできますか。(15点)

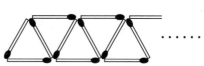

( )

6 けい子さんは，毎日読書をしています。おとといは $\frac{3}{7}$ 時間，昨日（きのう）は $2\frac{2}{7}$ 時間読書をしました。(30点/1つ15点)

(1) おとといと昨日で，何時間読書をしましたか。

( )

(2) 今日は $1\frac{5}{7}$ 時間読書をしました。3日間で，合計何時間読書をしましたか。

( )

そう仕上げテスト③

答え▶別さつ38ページ

時間 40分	とく点
合かく 80点	点

1 ある数Aに対して，[A]を A×A，Ⓐを A×2−1 と決めます。たとえば，[3]=3×3=9，③=3×2−1=5 となります。(16点/1つ8点)

(1) [4]−⑦ を計算しなさい。〔青雲中〕

(　　　　　　)

(2) Ⓐ−[8]=⑤ となるとき，Aはいくつになりますか。

(　　　　　　)

2 4人家族がいます。父は40才，母は36才，わたしは10才，妹は9才です。父と母の年れいの和が，わたしと妹の年れいの和の2倍になるのは，今から何年後ですか。(8点)

(　　　　　　)

3 あきらくんは，あめを同じ数ずつふくろにつめています。5ふくろつくると20こ残(のこ)ります。8ふくろつくるのには4こたりません。1ふくろに何こずつつめていますか。(8点)

(　　　　　　)

4 国語のテストがありました。問題は２問あって，１番ができると７点，２番ができると３点です。このテストの結果，１番だけできた人は13人，２番だけできた人は11人，両方できた人は８人いました。この組全体の合計点は何点ですか。（10点）

（　　　　　）

5 右の図の直線①と②が平行であるとき，㋐の角度は何度ですか。（10点）

〔昭和学院秀英中〕

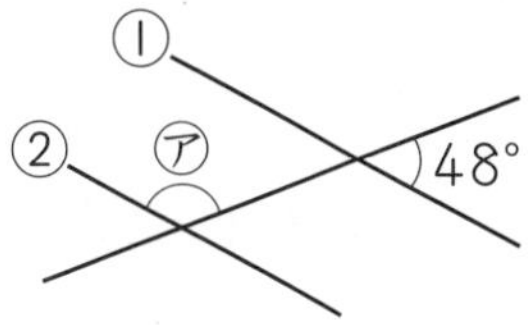

（　　　　　）

6 直径10cmのボールが，たてに２こちょうど入るような，右の図のような形を考えます。
次の問いに答えなさい。（16点/1つ8点）

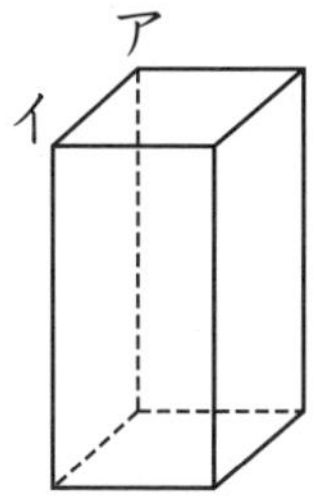

(1) ボール紙で，右の図のような箱をつくると，この箱のてん開図の面積はどれだけですか。

（　　　　　）

(2) ひごを使って右上の図のような形をつくります。辺アイに平行な辺は赤の，辺アイに垂直な辺は青の，辺アイに平行でも垂直でもない辺は黄のひごを使います。それぞれ何cmのひごがいりますか。ただし，辺アイには黄のひごを使います。

赤（　　　　）　青（　　　　）　黄（　　　　）

7 右の図のように，白い石と青い石が1つおきに正方形のようにならべてあります。これと同じようなならべ方で右と上に石をならべて，正方形の形をつくっていくとき，次の問いに答えなさい。(32点/1つ8点)

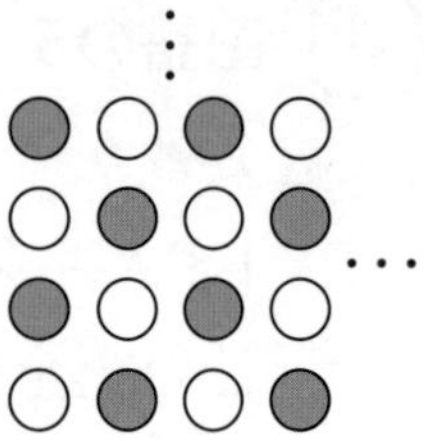

(1) 1列に石が10こあるとき，白い石は何こありますか。

(　　　　　)

(2) 1列に石が13こあるとき，青い石は何こありますか。

(　　　　　)

(3) 361この石をならべました。白い石は何こ使いましたか。

(　　　　　)

(4) 白い石が265こになりました。1列に何この石をならべたのか，下の表を使って答えなさい。

1辺(こ)						
1辺(こ)						
計						

(　　　　　)

小4

ハイクラステスト

文章題・図形

答え

答え

1 大きい数のしくみ

標準クラス `p.2〜3`

1 (1)漢字…三十四億七百六十八万千二
　　　十億の位…3
　(2)漢字…二兆三百四十七億二千三万三千九百五
　　　百億の位…3

2 (1)450000
　(2)80000000　または 8000万

3 (1)99999995
　(2)99994000
　(3)99999800

4 1610000000円　または 16億1000万円

5 1152700000円　または 11億5270万円

📖 **とき方**
---

1 (1)大きな数を読んだり，書いたりするときは，
　万，億，兆の位を4けたずつに区切ります。
　　3 4 0 7 6 8 1 0 0 2
　　　億　　　万
　(2)　2 0 3 4 7 2 0 0 3 3 9 0 5
　　　　兆　　　億　　　万
　百億の位は3であることがすぐにわかります。

2 (1)数を10倍すると位が1つ大きくなるので，
　45000の10倍は，450000になります。
　(2)数を10でわると位が1つ小さくなります。
　8億=800000000なので，800000000を
　10でわったら，80000000になります。

3 (1)　100000000 ←9けた
　　 −　　　　　5
　　　99999995 ←8けた
　けた数をまちがえないようにしましょう。
　(2)　100000000 ←9けた
　　 −　　　6000
　　　99994000 ←8けた
　(3)　100000000 ←9けた
　　 −　　　 200
　　　99999800 ←8けた

4 7億8000万+8億3000万=16億1000万
　です。8000万+3000万の計算は，億の位に1
　くり上がるので，1億1000万になります。

5 13億3579万−1億8309万=11億5270万
　です。位取りをまちがえないようにしましょう。

ハイクラス `p.4〜5`

1 数字…99999910
　漢字…九千九百九十九万九千九百十

2 (1)1100000999
　(2)9999999970
　(3)90000000100
　(4)253100340000

3 2588億6000万　または 258860000000

4 (1)9876543210
　(2)1023456789

5 (1)106888　(2)65952
　(3)80246, 80264

📖 **とき方**

1 　100000000
　−　　　　90
　　99999910

2 (1)　　99999999 ←1億より1小さい数
　　 +1000001000 ←10億より1000大きい数
　　 1100000999
　(2)　　999999970 ←10億より30小さい数
　　 +9000000000 ←100億より10億小さい数
　　 9999999970
　(3)　100000000000 ←1000億
　　 −　9999999900 ←100億より100小さい数
　　　90000000100
　(4)位をそろえて，次のように考えます。
　　　2500億　　　 ←10億を250こ
　　　 250000万　　←1000万を250こ
　　　　60000万　　←10万を6000こ
　　 +　　 340000 ←1000を340こ
　　 253100340000

3 　9427億6000万
　−6839億
　　2588億6000万

4 (1)数の大きい順にならべて，9876543210に
　なります。
　(2)数の小さい順にならべると，0123456789
　になりますが，いちばん左の位に0がくると

10けたの数にならないので，0と1を入れかえて，1023456789になります。

5 (1)いちばん小さい数は20468，いちばん大きい数は86420になります。
20468+86420=106888
(2)86420−20468=65952
(3)8万より小さくていちばん近い数は68420，
8万より大きくていちばん近い数は80246，
2番目に近い数は80264なので，近い順に
80246，80264になります。

2 計算の順じょときまり

標準クラス　　　　　　　　　　　p.6〜7

1 (1)(式)500−(148+115)=237
(答え)237円
(2)(式)(120+360)×4=1920
または，120×4+360×4=1920
(答え)1920円
(3)(式)(200−25)×3=525　(答え)525円
(4)(式)(500−140)÷9=40
(答え)40ページ
(5)(式)66÷(2×3)=11　　(答え)11こ

2 (1)(式)4×(5+7)÷(12−4)=6　(答え)6
(2)(式)54÷(9.8−3.8)+(7.3−3.9)=12.4
(答え)12.4

3 (1)ア3　イ4　ウ4　エ5　オ5　カ6
(2)キ10　ク11
(3)210
(アとイ，ウとエ，オとカ，キとクは入れかわってもかまいません。)

📖 とき方

1 (1)(出したお金)−(買い物の代金の合計)=(おつり)
で求められます。
(2)(1こずつのねだん)×(買った数)=(代金の合計)
で求められます。
(3)(安くしてくれたねだん)×(買った数)
=(はらった金がく)で求められます。
(4)(本のページ数−読んだページ数)÷(日数)
=(1日に読むページ数)で求められます。
(5)(全部のボールの数)÷(1箱のボールの数)
=(箱の数)で求められます。

2 和…たし算の答え
差…ひき算の答え

積…かけ算の答え
商…わり算の答え
(1)4×(5+7)÷(12−4)
=4×12÷8
=48÷8
=6
(2)54÷(9.8−3.8)+(7.3−3.9)
=54÷6+3.4
=9+3.4=12.4

3 ○と●のならび方から考えます。まず，いちばん下のだんに，○がいくつならんでいるか数えます。そして，いちばん右の列には，たてに●が1つ加わっていることを考えて，いくつならんでいるか数えます。その2つの数の積を2でわって，○の数を求めます。
(3)20×(20+1)÷2=210

ハイクラス　　　　　　　　　　　p.8〜9

1 (1)(式)(145×2+125×3)×16=10640
(答え)10640円
(2)(式)300÷{(13+7)×2}=7 あまり 20
(答え)7こできて20cmあまる。

2 (1)(式)(□+5)×3=39　　　　(答え)8
(2)(式)□÷4+15=28　　　　(答え)52
(3)(式)93÷□×9=279　　　(答え)3
(4)(式)131−□×4=23　　　(答え)27

3 (1)ア4　イ5　ウ10
(2)エ4　オ4　カ2　キ5　ク5　ケ10
コ10

4 (1)9　(2)7, 10, 13, 16

📖 とき方

1 (1)(16人分の代金)=(1人分の代金)×16人
(2)長方形のまわりの長さは，(たて+横)×2です。
また，長方形のこ数は，(ひもの長さ)÷(長方形のまわりの長さ)で求められます。

2 (1)(□+5)×3=39
□+5=39÷3=13
□=13−5=8
(2)□÷4+15=28
□÷4=28−15=13
□=13×4=52
(3)93÷□×9=279
93÷□=279÷9=31
□=93÷31=3
(4)(式)131−□×4=23
□×4=131−23=108

②

3 (1)図の○と●の合計は，4×4 で求められます。
　　1+2+3+4+3+2+1=4×4
　　1+2+3+4+5+4+3+2+1=5×5
　　1+2+3+4+5+6+7+8+9+10+9+8+7+6
　　　+5+4+3+2+1=10×10　と考えます。
　(2)1+2+3=(1+2+3+4+3+2+1−4)÷2
　　　=(4×4−4)÷2
　　1+2+3+4=(1+2+3+4+5+4+3+2+1−5)÷2
　　　=(5×5−5)÷2
　　1+2+3+4+5+6+7+8+9
　　　=(1+2+3+4+5+6+7+8+9+10+9+8+7
　　　+6+5+4+3+2+1−10)÷2
　　　=(10×10−10)÷2　と考えます。

4 (1)27÷4=6 あまり 3 だから，
　　[27，4]=6+3=9
　(2)商が 1，あまりが 3 のとき，4×1+3=7
　　商が 2，あまりが 2 のとき，4×2+2=10
　　商が 3，あまりが 1 のとき，4×3+1=13
　　商が 4，あまりが 0 のとき，4×4+0=16

3 がい数と見積もり

標準クラス　　　　　　　　　p.10〜11

1 (1)北海道(約 6000000 人)
　　本州(約 101000000 人)
　　四国(約 4000000 人)
　　九州(約 15000000 人)
　(2)およそ 900 万人
　(3)およそ 10 倍

2

	文学	動物	社会
さっ数(さつ)	5741	850	1367
目もりの数	57	9	14

3 約 7000 円
4 百の位
5 千の位
6 いちばん小さい数…14500
　　いちばん大きい数…15499

■とき方

1 (2)15 百万−6 百万=9 百万
　(3)北海道と四国を合わせた人口は，
　　6 百万+4 百万=10 百万人，本州は 101 百万
　　人と考えます。10 と 101 をくらべると，お
　　よそ 10 倍といえます。

2 100 さつを 1 目もりにするので，十の位を四捨
　五入して，百の位までのがい数にして考えます。
3 かい中電灯は約 2000 円，時計は約 4000 円，
　ごみ箱は約 1000 円と考えていくと，
　2000+4000+1000=7000 より，約 7000 円
　になります。買い物の場合は，切り上げをしてが
　い数にすると，代金がたりないということがあり
　ません。
4 594548
　　└この位を四捨五入しています。
5 639371
　　└この位を四捨五入しています。
6 15000
　　└この位を四捨五入するので，14500 がい
　　ちばん小さい数，15499 がいちばん大き
　　い数になります。十の位，一の位は，最小
　　は 00，最大は 99 と考えます。

ハイクラス　　　　　　　　　p.12〜13

1 (1)男子…(約)370 人　女子…(約)380 人
　(2)(約)800 人
2 51500 人以上 52499 人以下
3 答え…イ
　わけ…(例)・数のはんいには小数もふくまれ
　　　　　　　ているから。
　　　　　・8499.9 なども四捨五入して千
　　　　　　の位までのがい数に表すと
　　　　　　8000 になるが，アのはんいに
　　　　　　ふくまれていない。
4 2 こ
5 およそ 20 倍
6 (1)215.4 cm　(2)114.3 cm　(3)98.7 cm
7 和…79700　差…300

■とき方

1 (1)十の位までのがい数にするので，一の位を四
　　捨五入します。
　(2)370+380=750 (374+376=750)
　　750 人を上から 1 けたのがい数にするので，
　　十の位を四捨五入します。
2 3 「以上」，「以下」の場合は，その数をふくむは
　んいを表し，「未満」の場合はその数をふくまな
　いはんいを表します。

 ポイント **3** は「数のはんい」なので整数も小数
　もふくめて考えますが，**2** は「人数の
　はんい」なので，整数だけで考えます。

③

[4] 一の位を四捨五入して 50 になる整数は，45，46，47，48，49，50，51，52，53，54 です。この中で 4 でわり切れる数を見つけると，48 と 52 の 2 こです。

[5] 自由の女神 → 50 m，関門橋 → 1000 m なので，1000÷50=20(倍)

[6] 2154287 → 2154 千人，1142572 → 1143 千人，986755 → 987 千人と考えます。それぞれの数を千人でわるので，計算を次のようにかん単にします。
名古屋市…2154 mm=215.4 cm
広島市…1143 mm=114.3 cm
北九州市…987 mm=98.7 cm

[7] 39654 を上から 3 けたのがい数にすると，39700
39654 を上から 2 けたのがい数にすると，40000
和は，39700+40000=79700
差は，40000−39700=300

4 わり算の文章題

標準クラス　　p.14〜15

[1] 10 こ
[2] 20 日
[3] 8 箱
[4] 23 本できて 5 cm あまる。
[5] 7 こ
[6] 30 本
[7] 16 まい必要で，10 こあまる。
[8] 210 人
[9] (例)ある数を□とすると，
　　□÷54=26 あまり 36
　　□=54×26+36=1440
　　正しい答えは，1440÷45=32

■とき方

[1] 500÷50=10(こ)
[2] 158÷8=19 あまり 6　あまりが 6 ページあるので，最後まで読むのにはもう 1 日かかるから，19+1=20(日)かかります。
[3] 1 ダースは 12 本なので，96÷12=8(箱)
[4] 3 m 50 cm=350 cm だから，350÷15=23 あまり 5　ひもは 23 本できて 5 cm あまります。
[5] 124÷9=13 あまり 7　あまりが 7 なので，14

こ目の箱には 7 こ入っています。
[6] 45 L=450 dL だから，450÷15=30(本)
[7] 250÷15=16 あまり 10　ふくろは 16 まい必要で，ビー玉は 10 こあまります。
[8] 9450÷45=210(人)

ハイクラス　　p.16〜17

[1] 2 回
[2] 60
[3] 15 こ
[4] 28 本
[5] 14 本
[6] 16 時間，90 箱
[7] 土曜日
[8] 126 m
[9] 800 円
[10] 73，74，75

■とき方

[1] 297÷15=19 あまり 12
あまりが 12 さつあるので，20 回運ばないといけません。18 回運んだのだから，あと 2 回になります。
[2] ある数を□とすると，□×13=10140
□=10140÷13=780
正しい答えは，780÷13=60
[3] 720÷6=120(箱)　120÷8=15(こ)
[4] 体育館のまわりの長さは，(45+25)×2=140(m)
旗の数は，140÷5=28(本)
[5] まず，おつりをひくと，2000−70=1930(円)
ここからボールペンの代金をひきます。
1930−150×4=1330(円)
1330÷95=14(本)
[6] 1 時間に 900 こつくっているので，何時間かかるかを求めるには，14400÷900=16(時間)
また，必要な箱の数を求めるには，
14400÷160=90(箱)
[7] 1 週間は 7 日間なので，600÷7=85 あまり 5
あまりの数で，曜日が決まります。
あまり 0 のとき，月曜日　あまり 1 のとき，火曜日
あまり 2 のとき，水曜日　あまり 3 のとき，木曜日
あまり 4 のとき，金曜日　あまり 5 のとき，土曜日
あまり 6 のとき，日曜日となります。
[8] 1000÷5=200(歩)
200×63=12600(cm)→ 126(m)
別のとき方　A さんの家から B さんの家までの歩数を□歩とします。

□×5=1000　□=1000÷5　□=200
200×63=12600(cm)

9 大人3人は，子ども6人の代金と同じなので，3600円は，子ども6人+子ども3人=子ども9人の代金と同じです。子ども1人の代金は，3600÷9=400(円) 子どもは大人の半がくなので，大人は800円。

10 はじめの整数を□とすると，続いている3つの整数は，□，□+1，□+2と表されます。3つの整数の合計が222なので，
□+(□+1)+(□+2)=222
□×3+3=222　□×3=222−3　□×3=219
□=219÷3=73
続いている3つの整数は，73，74，75になります。

5　小数の計算

標準クラス　p.18〜19

1 (1)ウ　(2)ウ
2 (1)240.12　(2)297　(3)200　(4)0.135
3 32.7 kg
4 4.81 kg
5 16.1 m
6 19.43 kg
7 0.06 kg
8 2.34 m

とき方

1 (1)1500 mm=150 cm=1.5 m，0.1 m，1.1 km=1100 m，0.1 km=100 m と単位をそろえてから考えましょう。1 km を歩くのに，だいたい20分かかります。すると，**ウ**の1.1 km があてはまります。
(2)30 mm=3 cm，0.3 cm，0.3 m=30 cm，0.3 km=300 m です。ハンカチはいつも使っているので，20〜30 cm くらいとわかります。

2 (1)0.01が12こで0.12，10が24こで240なので，合わせて240.12になります。
(2)0.01が10こで0.1，0.01が100こで1なので，2.97は，0.01が297こ集まった数です。
(3)0.02を100こ集めると，2になります。この2倍が4になるので，200こ集めた数になります。

---

(4)1000 m=1 km なので，100 m=0.1 km になり，135 m は 0.135 km になります。

3 けい子さんの体重を□ kg とすると，妹との差から，□−12.4=15.6　□=15.6+12.4　□=28
お姉さんの体重は，28+4.7=32.7(kg)

4 2.45+0.98+1.38=4.81(kg)
5 2.3×7=16.1(m)
6 0.67×29=19.43(kg)
7 0.24÷4=0.06(kg)
商の小数点の位置に気をつけて，計算しましょう。
8 18.72÷8=2.34(m)
商の小数点の位置に気をつけて，計算しましょう。

ハイクラス　p.20〜21

1 0.97 m
2 1124.2 km
3 2.35 kg
4 0.65 kg
5 5本できて 1.24 m あまる。
6 0.4 km
7 262.2 m
8 11.111
9 ある数…447.2　正しい答え…5813.6

とき方

1 単位をすべて m になおします。
3 m 45 cm=3.45 m，980 cm=9.8 m
結び目を□ m とすると，3.45+7.32−□=9.8
10.77−□=9.8　□=10.77−9.8=0.97(m)

2 1年間を365日とすると，
3.08×365=1124.2(km)

3 全体から箱の重さをひくと，
10.5−1.1=9.4(kg)
百科事典4さつ分の重さが 9.4 kg なので，
9.4÷4=2.35(kg)

4 17このりんごの重さは，0.25×17=4.25(kg)
箱の重さは，全体の重さからりんご全体の重さをひけばいいので，4.9−4.25=0.65(kg)

5 36.24÷7=5 あまり 1.24
6 5.6÷14=0.4(km)
スタートにはコーンを置かないので，0.4 km おきに，コーンを置けばよい。

7 道のかた側に打てるくいの数は，
140÷2=70(本)

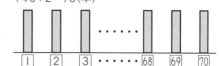

図から考えます。間の数はくいの数より１少ないので，$70-1=69$ $3.8×69=262.2$(m)

8 ５つの数字で小数第四位までの数をつくるには，□.□□□ の中に数字をあてはめます。できる数は，いちばん大きい数が 9.7531，２番目に大きい数が 9.7513，いちばん小さい数が 1.3579，２番目に小さい数が 1.3597 なので，$9.7513+1.3597=11.111$

9 ある数を□とすると，$□÷13=34.4$
□$=34.4×13$ □$=447.2$
正しい答えは，$447.2×13=5813.6$

6 分数のたし算とひき算

1 $\dfrac{9}{5}$ 時間 $\left(1\dfrac{4}{5}$ 時間$\right)$

2 $\dfrac{11}{7}$ L $\left(1\dfrac{4}{7}$ L$\right)$

3 $\dfrac{6}{10}$ L

4 $6\dfrac{3}{5}$ m

5 １ L

6 $\dfrac{6}{8}$ kg

7 $3\dfrac{1}{7}$ km

8 青いリボンが４ｍ長い。

9 ４ L

とき方

1 ３つの分数の和を求めるたし算です。
$\dfrac{3}{5}+\dfrac{2}{5}+\dfrac{4}{5}=\dfrac{9}{5}$(時間) または，$1\dfrac{4}{5}$(時間)

2 $\dfrac{6}{7}+\dfrac{3}{7}+\dfrac{2}{7}=\dfrac{11}{7}$(L) または，$1\dfrac{4}{7}$(L)

3 飲んだジュースの量を計算したあと，ひき算をします。$1-\left(\dfrac{3}{10}+\dfrac{1}{10}\right)=\dfrac{10}{10}-\dfrac{4}{10}=\dfrac{6}{10}$(L)

4 帯分数の和を求めるたし算です。
$4\dfrac{2}{5}+2\dfrac{1}{5}=6\dfrac{3}{5}$(m)

5 $4-\left(1\dfrac{5}{6}+1\dfrac{1}{6}\right)=4-2\dfrac{6}{6}=4-3=1$(L)

6 分数の差を求めるひき算です。
$4\dfrac{1}{8}-3\dfrac{3}{8}=3\dfrac{9}{8}-3\dfrac{3}{8}=\dfrac{6}{8}$(kg)

---

7 $1\dfrac{5}{7}+1\dfrac{3}{7}=2\dfrac{8}{7}=3\dfrac{1}{7}$(km)

8 $5\dfrac{4}{9}-\dfrac{13}{9}=5\dfrac{4}{9}-1\dfrac{4}{9}=4$(m) なので，青いリボンが４ｍ長い。

9 1.9 L$=1\dfrac{9}{10}$ L と考えます。
$2\dfrac{1}{10}+1.9=2\dfrac{1}{10}+1\dfrac{9}{10}=4$(L)

1 $11\dfrac{1}{6}$ 時間

2 $\dfrac{15}{10}$ m $\left(1\dfrac{5}{10}$ m$\right)$

3 $14\dfrac{4}{10}$ kg

4 (1) $\dfrac{24}{5}$ m $\left(4\dfrac{4}{5}$ m$\right)$

(2) $2\dfrac{1}{5}$ m

5 $\dfrac{21}{5}$ m $\left(4\dfrac{1}{5}$ m$\right)$

6 $\dfrac{2}{10}$ m

7 アとエ

8 (1) $2\dfrac{3}{10}$ m　(2) 17 m

とき方

1 １日$=24$ 時間 だから，
$24-12\dfrac{5}{6}=23\dfrac{6}{6}-12\dfrac{5}{6}=11\dfrac{1}{6}$(時間)

2 0.7 m$=\dfrac{7}{10}$ m と考えます。使ったテープは，
$\dfrac{7}{10}+\dfrac{8}{10}=\dfrac{15}{10}$(m) または，$1\dfrac{5}{10}$(m)

3 1.7 kg$=1\dfrac{7}{10}$ kg と考えます。家にあるお米は，
$1\dfrac{7}{10}+12\dfrac{7}{10}=13\dfrac{14}{10}=14\dfrac{4}{10}$(kg)

4 (1) $\dfrac{8}{5}+\dfrac{8}{5}+\dfrac{8}{5}=\dfrac{24}{5}$(m) または，$4\dfrac{4}{5}$(m)

(2) $7-4\dfrac{4}{5}=6\dfrac{5}{5}-4\dfrac{4}{5}=2\dfrac{1}{5}$(m)

5 $\dfrac{11}{5}+\dfrac{9}{5}+\dfrac{3}{5}=\dfrac{23}{5}$(m)
$\dfrac{23}{5}-\left(\dfrac{1}{5}+\dfrac{1}{5}\right)=\dfrac{23}{5}-\dfrac{2}{5}=\dfrac{1}{5}$(m)
または，$4\dfrac{1}{5}$(m)

[6] 0.6×3=1.8(m), 0.6×4=2.4(m) だから, 0.6 m ずつ切ったのは 3 本とわかる。すると, はんぱの長さは, 2−1.8=0.2(m) なので, 分数に直すと, 0.2 m=$\frac{2}{10}$ m

[7] アは, $\frac{1}{3}=\frac{2}{6}$ で等しい。

イは, $\frac{1}{2}=\frac{5}{10}$, 0.2=$\frac{2}{10}$ になります。

ウは, $\frac{2}{5}=\frac{4}{10}$ になります。

エは, $\frac{1}{2}=\frac{2}{4}$ で等しい。

[8] (1)3.1 m=3$\frac{1}{10}$ m なので,

$5\frac{4}{10}-3\frac{1}{10}=2\frac{3}{10}$(m)

(2)$5\frac{4}{10}+3\frac{1}{10}+5\frac{4}{10}+3\frac{1}{10}=16\frac{10}{10}=17$(m)

チャレンジテスト① p.26〜27

1 (1)1000 兆 1 億(1000000100000000)
(2)9999 万 9950(99999950)
(3)1000 兆(1000000000000000)

2 百億の位

3 8 周と 80 m

4 (1)7.04 (2)11.42

5 ア× イ 101

6 $\frac{1}{15}$ m

7 分数…$\frac{5}{9}$ 正しい答え…$\frac{1}{9}$

8 1.3

とき方

1 (1)100 兆を 10 こで 1000 兆, 1 万を 1000 こで 1000 万なので, 1 万を 10000 こで 1 億です。合わせると, 1000 兆 1 億
(1000000100000000)

(2) 100000000
   −   50
   99999950

(3)1000 億の 10 倍は 1 兆, 100 倍は 10 兆, 1000 倍は 100 兆, 10000 倍は 1000 兆。

2 1234 億になるので, 2 は百億の位。

3 1 km=1000 m なので, 1000÷115=8 あまり 80 より, 8 周と 80 m

4 (1)3.27 より 0.5 大きい数は 3.77 なので,

[3.27]=3.27+3.77=7.04

(2)6.61 より 0.5 大きい数は 7.11 なので,
[6.61]=6.61+7.11=13.72

また, $\frac{9}{10}$=0.9 より 0.5 大きい数は 1.4 なので, $\left[\frac{9}{10}\right]$=0.9+1.4=2.3

したがって, [6.61]−$\left[\frac{9}{10}\right]$=13.72−2.3
=11.42

5 右の 4 けたの数が左の 2 けたの数のくり返しになっています。アは×とわかりますが, 1212÷12=101, 3131÷31=101 などから, 左の数を 101 倍すれば, 右の数になることがわかります。

6 切り取ったのは, $\frac{2}{15}+\frac{6}{15}+\frac{6}{15}=\frac{14}{15}$(m)
残りの長さは, $1-\frac{14}{15}=\frac{15}{15}-\frac{14}{15}=\frac{1}{15}$(m)

7 ある分数を□とすると, $□+\frac{4}{9}=1$

$□=1-\frac{4}{9}=\frac{5}{9}$

正しく計算すると, $\frac{5}{9}-\frac{4}{9}=\frac{1}{9}$

8 ある数を□とすると,
□×56−15.9=56.9
   □×56=56.9+15.9
   □×56=72.8
     □=72.8÷56=1.3

ポイント ある数を□として, □を求める式を考えます。
(1)□+8=15 で, □を求めるにはぎゃく算でひき算になります。□=15−8
(2)□−6=28 で, □を求めるにはぎゃく算でたし算になります。□=28+6
(3)9+□=61 で, □を求めるにはぎゃく算でひき算になります。□=61−9
(4)53−□=7 で, □を求めるには 53−7 で, ぎゃく算にならない場合もあります。

チャレンジテスト② p.28〜29

1 3本

2 (1)350 円 (2)6 倍

3 26.25 以上 26.35 未満

4 51700 以上 51900 未満

5 161

[6] 113.4 kg

[7] $\frac{3}{13}$ km

[8] 9.56

とき方

[1] 1 km 50 m=1050 m と，単位を m にそろえて計算します。1050÷380=2 あまり 290
あまりの 290 m のためにロープがもう 1 本必要なので，必要なロープの本数は 3 本です。

[2] (1)2100=クッキー×3
↑
クッキー=チョコレート×2
これを，あてはめて考えていきます。
チョコレート×2×3=2100
チョコレート×6=2100
チョコレートのねだんは，2100÷6=350(円)

(2)図に表すと，

0 2100

クッキー		クッキー		クッキー	
チョコレート	チョコレート	チョコレート	チョコレート	チョコレート	チョコレート

から，6 倍になります。

[3] 小数第二位を四捨五入して 26.3 になる数は，26.25 以上 26.35 未満の数です。

[4] 31000 のはんいは，30950 以上 31050 未満で，20800 のはんいは，20750 以上 20850 未満です。2 つの数の和は，
30950+20750=51700 以上，
31050+20850=51900 未満になります。

[5] 商のはんいは 7.5 以上 8.5 未満です。
7.5×19=142.5，8.5×19=161.5 より，ある整数は 143 以上 161 以下だから，このうちもっとも大きい数は，161 です。

[6] 5.4×7+5.4×14=5.4×(7+14)
=5.4×21=113.4(kg)

[7] 1 km から，たかしさんとゆう子さんが歩いたきょりをひきます。

$$1-\left(\frac{6}{13}+\frac{4}{13}\right)=\frac{13}{13}-\frac{10}{13}=\frac{3}{13}\text{(km)}$$

[8] 右のたし算で考えます。いちばん下の位の，ウ=6 なので，次の位は，イ+6=1 にはならないので，イ+6=11 より，イ=11−6=5
次の位はくり上がりの 1 があるので，ア+5+1=15 より，ア=15−5−1=9
ある小数は 9.56 となります。

[ア].[イ][ウ]
+[ア][イ].[ウ]
105.16

7 整理のしかた

標準クラス p.30〜31

[1] (1) 6 人 (2)水曜日の 2 年生

(3)

学年＼曜日	月	火	水	木	金	合計
1	4	3	6	8	6	27
2	1	2	9	2	3	17
3	5	0	1	3	2	11
4	2	0	3	6	1	12
5	3	6	1	7	4	21
6	4	6	8	1	5	24
合計	19	17	28	27	21	㋐

(4)月曜日から金曜日までの全学年の欠席者数の合計，112

[2] (1)4，8，12，16，20，24，28，32，36，40
(2)6，12，18，24，30，36
(3)12，24，36
(4) 1 から 40 までの整数調べ

	わり切れる	わり切れない	計
わり切れる	3	3	6
わり切れない	7	27	34
計	10	30	40

[3] エ，イ，ケ，ア，ク，ウ，イ，ア，オ，エ

とき方

[1] (3)表を横やたてに見ていくと，その列や行の合計がわかります。

[2] (1)40 までの整数の中で，4 でわり切れる数のこ数は，40÷4=10 より 10 こあります。
(2)40 までの整数の中で，6 でわり切れる数のこ数は，40÷6=6 あまり 4 より 6 こあります。
(3) 4 でも 6 でもわり切れる数を見つけるには，
4 の倍数は，4，8，12，16，……
6 の倍数は，6，12，18，……
どちらにもあるいちばん小さい数の，12 の倍数(12，24，36，…)になるので，40÷12=3 あまり 4 より，3 こあります。

(4)

	わり切れる	わり切れない	計
わり切れる	3	㋐	6
わり切れない	㋑	㋒	㋓
計	10	㋔	40

㋐は，6−3=3 ㋑は，10−3=7
㋓は，40−6=34

㋒は，34−7=27　㋔は，40−10=30

[3] 「以上」「未満」のことばに気をつけながらあてはめていきます。
「○以上」は，○の数をふくみます。「○未満」は，○の数をふくみません。

ハイクラス

p.32〜33

[1]

	わり切れる	わり切れない	計
わり切れる	3	8	11
わり切れない	12	67	79
計	15	75	90

[2] (1) 25人　(2) 3人　(3) 1人　(4) 8人　(5) 2人

[3] (1)

	いる	いない	合計
いる	13	18	31
いない	9	10	19
合計	22	28	50

(2) 18人　(3) 28人　(4) 10人

[4] (1) 3人　(2) 15人

とき方

[1] 90までの整数で，6でわり切れる整数のこ数は，90÷6=15(こ)。(6，12，18，24，……)
90までの整数で，8でわり切れる整数のこ数は，90÷8=11あまり2より，11こ。(8，16，24，……)
6でも8でもわり切れる整数は，24の倍数になるので，90までの整数で，24の倍数のこ数は，90÷24=3あまり18より，3こ。
以上より，6でわり切れて，8ではわり切れない整数は，(6の倍数)−(24の倍数)で，
15−3=12(こ)
8でわり切れて，6ではわり切れない整数は，
(8の倍数)−(24の倍数)で，11−3=8(こ)
6でも8でもわり切れない整数は，
90−(3+12+8)=67(こ)

[2] (1) 1回の合計が25人なので，クラスの人数は25人です。
(2) 同じ遊びは選べないので，1回目にけん玉を選んだ人は，2回目にカルタかこまを選んだ人しかいません。1回目にけん玉，2回目にカルタを選んだ人が7人いるので，1回目にけん玉，2回目にこまを選んだ人は，10−7=3(人)

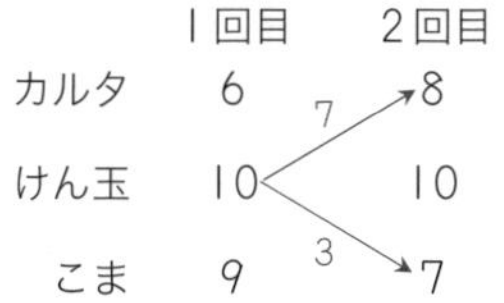

1回目　2回目
カルタ　6　8
けん玉　10　10
こま　9　7
7
3

(3) 2回目にカルタを選んだ人は，1回目にけん玉かこまを選んだ人しかいません。そのうち7人は1回目にけん玉を選んだ人なので，1回目にこま，2回目にカルタを選んだ人は，
8−7=1(人)

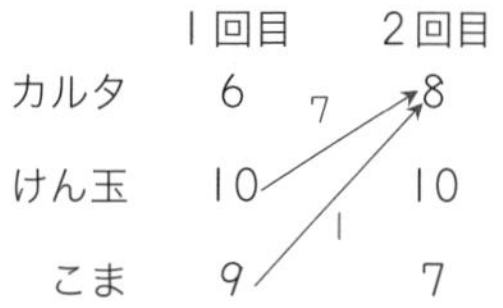

1回目　2回目
カルタ　6　8
けん玉　10　10
こま　9　7
7
1

(4) 1回目にこまを選んだ人は9人で，そのうちカルタを選んでいるのは1人で，残りの8人は，2回目はけん玉を選んだとわかります。

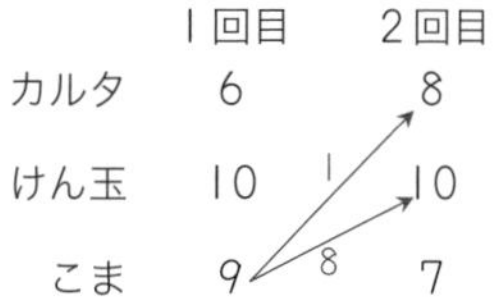

1回目　2回目
カルタ　6　8
けん玉　10　10
こま　9　7
1
8

(5) 2回目にけん玉を選んだ人は10人で，そのうち8人は1回目にこまを選んだ人なので，1回目にカルタ，2回目にけん玉を選んだ人は，
10−8=2(人)

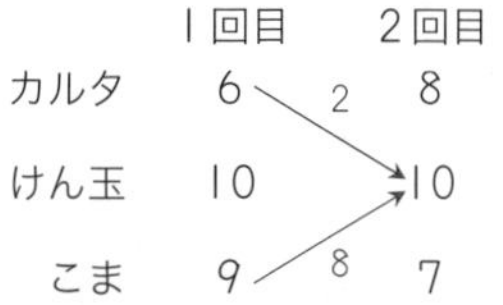

1回目　2回目
カルタ　6　8
けん玉　10　10
こま　9　7
2
8

[3] (1)

弟＼兄	いる	いない	合計
いる	13	㋐	31
いない	9	㋑	㋒
合計	㋓	㋔	50

㋐は，31−13=18(人)
㋒は，50−31=19(人)
次に，㋑が，19−9=10(人)で，㋔は，
18+10=28(人)
㋓は，13+9=22(人)
(2) 弟だけがいる人は㋐なので，18人。
(3) 兄がいない人は㋔なので，28人。
(4) 両方いない人は㋑なので10人。

[4] 0点は1問もできなかった人，1点は1問目だけできた人，2点は2問目だけできた人，3点は1問目と2問目ができた人，4点は3問目だけできた人，5点は1問目と3問目ができた人，6点は2問目と3問目ができた人，7点は3問ともできた人です。
(1) 5点の人なので，3人。
(2) 1点，3点，5点，7点の人なので，
1+5+3+6=15(人)

8 折れ線グラフ

標準クラス　p.34〜35

1
(1) 2 人
(2) 24 人
(3) 6 月，30 人
(4) 5 月，10 人
(5) 3 月，8 人

2 ウ

3 (1) エ　(2) イ　(3) オ　(4) ウ

4 (kg)　赤ちゃんの体重(毎月10日調べ)

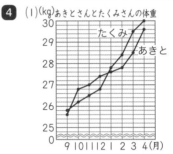

━━━━━━━━ 📖 とき方 ━━━━━━━━

1 (1) 5 目もりが 10 人を表しているので，1 目も
りは，10÷5=2(人) です。
(2) グラフから，24 人です。
(3) グラフのいちばん高い点は，30 人で6 月です。
(4) ふえているのは折れ線のかたむきが右上がり
のときです。このかたむき方のいちばん大きい
ものをさがすと，4 月と5 月の間で，
26−16=10(人) ふえています。
(5) へっているのは折れ線のかたむきが右下がり
のときです。このかたむき方がいちばん大きい
ものは，2 月と3 月の間で，26−18=8(人)
へっています。

2 折れ線グラフは，変わっていくものの様子を表す
のに使います。たとえば，1 日の体温の変化や，
毎月調べた体重の変化などです。

3 折れ線のかたむきが
右上がりのとき→ふえている
右下がりのとき→へっている
折れ線のかたむき方が
急なとき→変わり方が大きい
ゆるやかなとき→変わり方が小さい

4 グラフのたてのじくを見ると，1 kg の中に目も
りが5 つあるので，1 目もりは，1÷5=0.2(kg)
だとわかります。体重にあてはまる点を月ごとに
打ち，その点を順に直線で結んでいきます。

ハイクラス　p.36〜37

1
(1) 17000 kg(17 千 kg)
(2) 4000 kg(4 千 kg)

2 (1) 水　(2) 金　(3) 木　(4) 水　(5) 火

3 答え…イ
わけ…(例)ふえているのはア，イ，ウの3つ
です。横のじくの目もりが0〜10の間に，
アは 15−0=15 ふえています。
イは 30−10=20 ふえています。
ウは 8−0=8 ふえています。
だから，ふえ方がいちばん大きいのはイです。

4 (1)(kg)あきとさんとたくみさんの体重

(2) あきと…9 月から 10 月
たくみ…2 月から 3 月

━━━━━━━━ 📖 とき方 ━━━━━━━━

1 (1) 5 目もりが 10 千 kg を表しているので，1 目
もりは，10÷5=2(千 kg)
(2) 2001 年は 14 千 kg なので，
18−14=4(千 kg)

2 グラフのたてのじくの1 目もりは2 ページです。
(1) 折れ線のかたむきがいちばん急なところをさ
がすと，火曜日と水曜日の間です。
(2) 前日より2 ページふえた日は，前日より1 目
もり分，右上がりになっているということです。
(3) 前日より4 ページふえた日は，前日より2 目
もり分，右上がりになっているということです。
(4) 右下がりでかたむき方がいちばん急になって
いるところをさがします。
(5) 月曜日に 22 ページ読んでいるので，30 ペー
ジ目は次の日の火曜日に読んでいることがわか
ります。

4 (1) 1 kg の中に目もりが5 つあるので，1 目もり
は，1÷5=0.2(kg) だとわかります。2 人それ
ぞれの体重にあてはまる点を月ごとに打ち，そ
の点を順に直線で結んでいきます。
(2) できたグラフから，2 人それぞれの折れ線の
かたむきが右上がりで，かたむき方がいちばん
急になっている月を読み取ります。

9 変わり方

標準クラス

p.38〜39

❶ (1)

たて(cm)	1	2	3	4	5	6	7	8	9
横(cm)	9	8	7	6	5	4	3	2	1

(2) 1 cm ずつ短くなる。

❷ (1)

1辺(へん)の長さ(cm)	1	2	3	4	5
まわりの長さ(cm)	4	8	12	16	20

(2) 52 cm　(3) 34 cm

❸ □+△=30

または，30−□=△

または，30−△=□

❹ (1)

□(本)	1	2	3	4	5	6	7
△(円)	50	100	150	200	250	300	350

(2) 50 円ずつふえる。

(3) △=50×□

または，□=△÷50

または，△÷□=50

❺ 19 まい

とき方

❶ (1) はり金の長さは 20 cm なので，
(たての長さ+横の長さ)×2=20 より，
たての長さ+横の長さ=10 となります。

(2) 表から，たての長さが 1 cm ずつ長くなると，横の長さは 1 cm ずつ短くなります。

❷ (1) 正方形の 1 辺の長さ×4=まわりの長さ から，表を書きましょう。

(2) (1)の式にあてはめると，1 辺の長さが 13 cm の正方形のまわりの長さは，13×4=52(cm)

(3) 1 辺の長さを□ cm とすると，
□×4=136
□=136÷4
□=34

❸ まさおさんと弟のシールを合わせると，30 まいです。このように，2 つの数の和が一定である関(かん)係(けい)を式に表すと，□+△=30

❹ (1) 50×買った本数=代金 なので，50×□=△ の式から，表を書きましょう。

(2) 表から，50 円ずつふえているのがわかります。

(3) (1)の式から，□=△÷50
または，△÷□=50 でも合っています。

❺ □人目にわたされる色紙の数は，2×□−1 で表すことができます。
10 人目の場合は，□に 10 を入れて，
2×10−1=19(まい)

チャレンジテスト③

p.40〜41

① (1) 2 人　(2) 28 人　(3) 31 人

② (度)　1年間の月(つき)別(べつ)気温

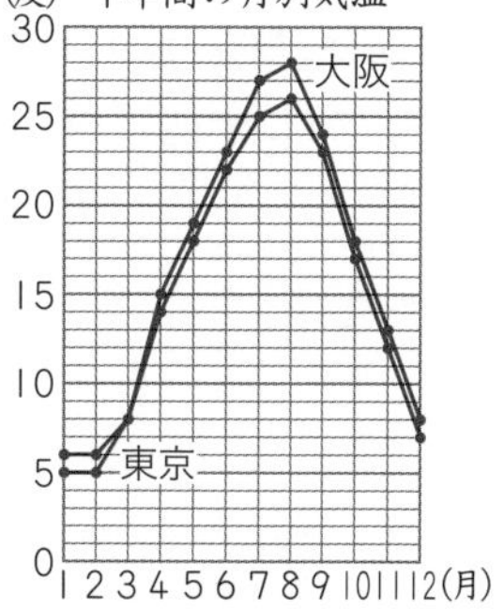

③ (1) 35 L　(2) 直線

④ (1)

□(こ)	2	3	4	5	6	7
△(こ)	3	6	9	12	15	18

(2) (□−1)×3=△

(3) 24 こ

(4) 14 こ

とき方

①

		まんが		合計
		すき	きらい	
テレビ	すき	26 人	1 人	㋑
	きらい	2 人	㋐ 2 人	㋒
合計		㋓	㋔	㋕

(1) 表の㋐から，2 人。

(2) 表の㋓から，26+2=28(人)

(3) 表の㋕の人数を求(もと)めればいいので，
㋑は，26+1=27(人)，
㋒は，2+2=4(人)，
㋔は，1+2=3(人) より，
㋑+㋒，または，㋓+㋔ から，31 人。

② グラフに東京(とうきょう)，大阪(おおさか)それぞれの毎月の気温をとり，点と点を直線で結(むす)びましょう。

③ (1) 7×5=35(L)

(2) グラフに表すと，直線になります。

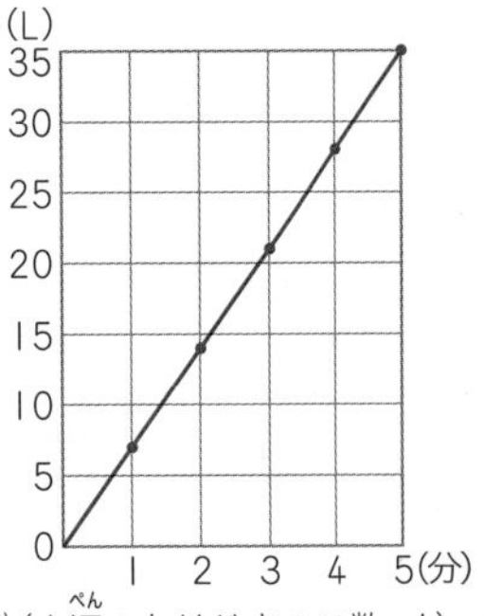

[4] (1)（1 辺のおはじきのこ数−1）×3=使うおはじきのこ数
の式の 1 辺のおはじきのこ数を□として，
□=4，5，6，7 とあてはめて，計算しましょう。

(2)(1)のことばの式を，□と△を使って書いてみましょう。□×3−3=△ としてもよいです。

(3)(2)の式で，□=9 で計算すると，
(9−1)×3=24(こ)

(4)(2)の式で，△=39 で計算すると，
(□−1)×3=39
□−1=39÷3　□−1=13
□=13+1=14(こ)

チャレンジテスト④

p.42～43

[1] (1)

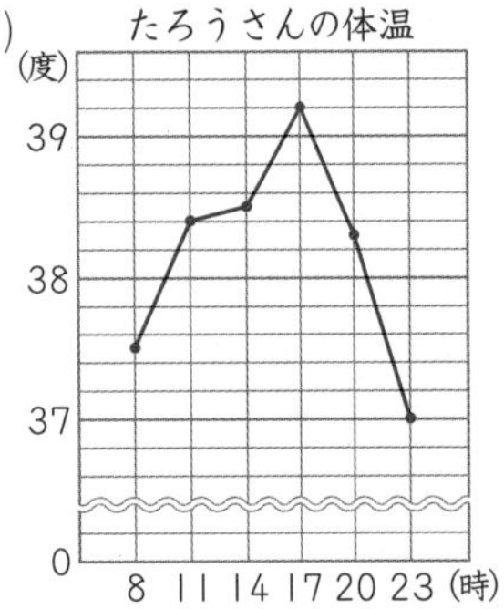

(2) **8 時から 11 時までの間**

(3) **20 時から 23 時までの間**

[2] (1)

きょうだい調べ

		男のきょうだい		合計
		いる	いない	
女のきょうだい	いる	2	19	21
	いない	16	3	19
合計		18	22	40

(2) **21 人**

[3] (1)

□(まい)	1	2	3	4	5
△(こ)	4	6	8	10	12

(2) **(□+1)×2=△**

(3) **10 まい**

[4] (1) **28 こ**　(2) **16 こ**

とき方

[1] (1) 5 目もりが 1 度を表しているので，1 目もりは，1÷5=0.2(度) です。

(2) 折れ線のかたむきが右上がりで，かたむき方がいちばん急なところを見つけましょう。

(3) 折れ線のかたむきが右下がりで，かたむき方がいちばん急なところを見つけましょう。

[2] (1)

きょうだい調べ

		男のきょうだい		合計
		いる	いない	
女のきょうだい	いる	2	㋐	㋑
	いない	㋒	3	㋓
合計		18	㋔	㋕

㋒=18−2=16(人)
㋐+㋒=35(人) なので，㋐=35−16=19(人)
㋑=2+19=21(人)　㋓=16+3=19(人)
㋔=19+3=22(人)　㋕=18+22=40(人)

(2) ㋑なので，21 人。

[3] (1) ことばの式で表すと，
（カードのまい数+1）×2=まわりにならべるおはじきのこ数 になります。

(2) カードのまい数を□で，まわりにならべるおはじきのこ数を△で表します。□×2+2=△ でもよいです。

(3)(2)の式で，△=22 で計算すると，
(□+1)×2=22
□+1=22÷2　□+1=11
□=11−1=10(まい)

[4] (1)（1 辺のおはじきのこ数−1）×4=使うおはじきのこ数 の式になるので，(□−1)×4=△
この式で，□=8 で計算すると，
(8−1)×4=28(こ)

(2)(1)の式で，△=60 で計算すると，
(□−1)×4=60
□−1=60÷4　□−1=15
□=15+1=16(こ)

10 角の大きさ

標準クラス　p.44〜45

1 (1) 30°　(2) 85°　(3) 60°　(4) 45°
(5) 210°　(6) 120°

2 ㋐ 90°　㋑ 45°　㋒ 30°
㋓ 60°　㋔ 90°

3 (1) 140°　(2) 40°　(3) 180°

4 (1) ① 60°　② 180°　③ 120°
(2) 360°　(3) 6°　(4) 30°　(5) 0.5°

とき方

2 三角じょうぎの角度は下の図のようになります。しっかり覚(おぼ)えておきましょう。

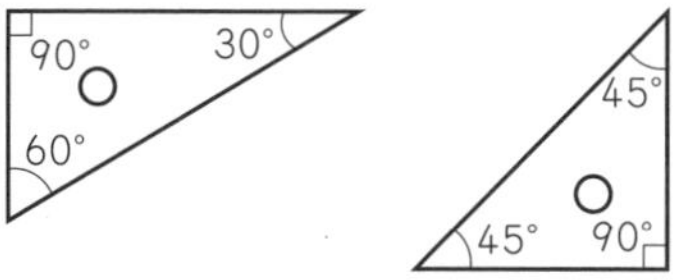

3 (1) 直線の角度は 180° なので，
180°−40°=140° となります。
(2) 向かい合う角の大きさは等しいので，
角㋑=40° となります。
(3) 角㋑と角㋒を合わせると直線になっているので，180° となります。

> **ポイント** (2)のような，向かい合う角のことを，「対ちょう角」といいます。

4 (1) 円 1 周(しゅう)が 360° なので，下の図の角 1 つ分は，円を 12 こに分けた 1 つ分になるので，
360°÷12=30° となります。
① 30°×2=60°
② 30°×6=180°
③ 30°×4=120°

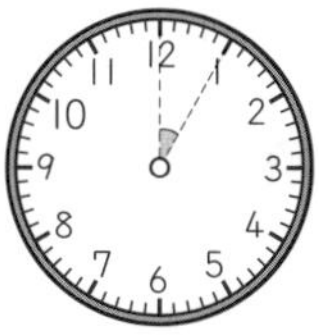

(2) 長いはりは 1 時間に 1 周するので，360° 回ります。
(3) 長いはりは 1 時間=60 分で 360° 回るので，
1 分間では，360÷60=6° 回ります。
(4) 短いはりは 12 時間に 1 周(360°)するので，
1 時間では，360°÷12=30° 回ります。
(5) 短いはりは 1 時間=60 分 で 30° 回るので，
1 分間では，30°÷60=0.5° 回ります。

ハイクラス　p.46〜47

1 (1) 105°　(2) 120°　(3) 255°　(4) 135°
(5) 15°　(6) ㋐ 60°　㋑ 135°

2 (1) 165°　(2) 70°　(3) 200°　(4) 130°

3 (1) ㋐ 40°　㋑ 70°
(2) ㋐ 100°　㋑ 225°

とき方

1 「標準クラス」**2**の図の三角じょうぎの角度をかくにんしましょう。
(1) 60°+45°=105°
(2) 30°+90°=120°
(3) 1 周の角度は 360° です。
ここから，三角じょうぎの角度をひきます。
360°−(45°+60°)=255°
(4) 180°−45°=135°
(5) 90° の半分は 45° です。
45°−30°=15°
(6) 角㋐=90°−30°=60°
角㋑=180°−45°=135°

2 (1) 角㋐は短いはりがあと 30 分間で回る角度なので，
0.5°×30=15°
角㋑は 30° が 5 こ分なので，
30°×5=150°
合わせて，
15°+150°=165°

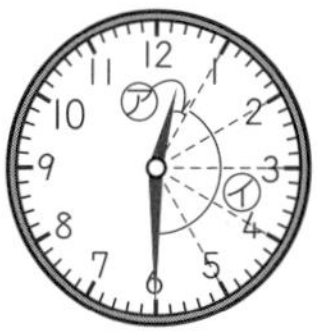

(2) 角㋐は短いはりがあと 20 分間で回る角度なので，
0.5°×20=10°
角㋑は 30° が 2 こ分なので，
30°×2=60°
合わせて，
10°+60°=70°

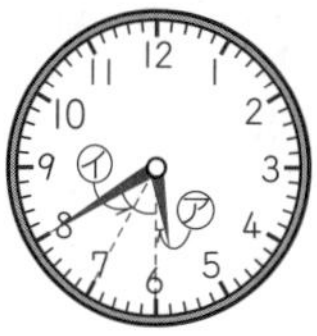

(3) 角㋐は短いはりが 20 分間に回る角度なので，
0.5°×20=10°
角㋑は 30° から 10° ひいた角度なので，
30°−10°=20°
角㋒は 30° が 6 こ分なので，
30°×6=180°
合わせて，
20°+180°=200°

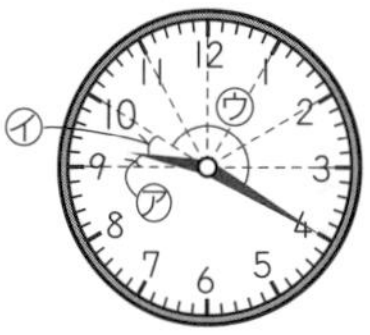

(4) 角㋐は短いはりが 20 分間で回る角度なので，
0.5°×20=10°
角㋑は 30° が 4 こ分なので，
30°×4=120°
合わせて，

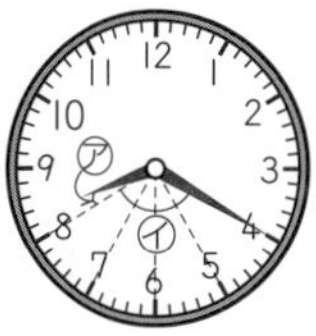

10°+120°=130°

3 (1)右の図より,
110°=70°+角㋐
だから,
角㋐=110°−70°=40°
角㋑=180°−110°=70°

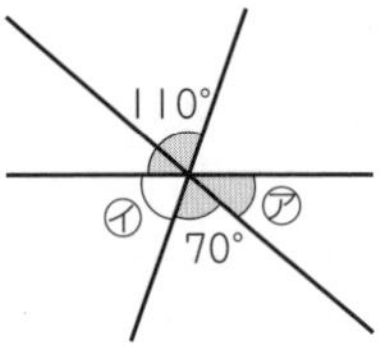

(2)右の図より,
角㋒=90°−35°=55°
だから,
角㋐=55°+45°=100°
角㋑=360°−45°−55°−35°
=225°

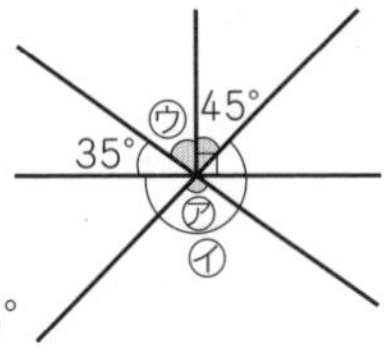

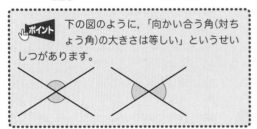

ポイント 下の図のように,「向かい合う角(対ちょう角)の大きさは等しい」というせいしつがあります。

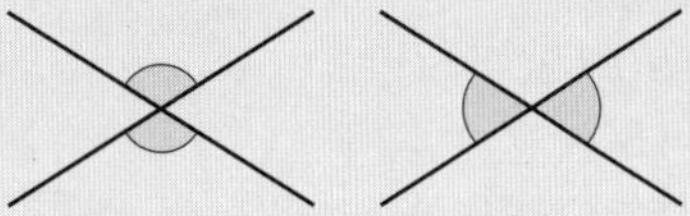

11 垂直と平行

標準クラス p.48〜49

1 イ, エ, オ
2 (1)平行 (2)垂直 (3)垂直
3 しょうりゃく
4 (1)角㋑, 角㋙, 角㋚
(2)角㋖, 角㋝, 角㋞
(3)180°
5 (1)47° (2)63°

とき方

2 (1)直線㋑と㋒は, 平行です。

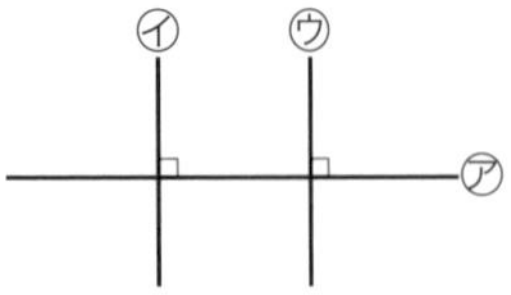

(2)

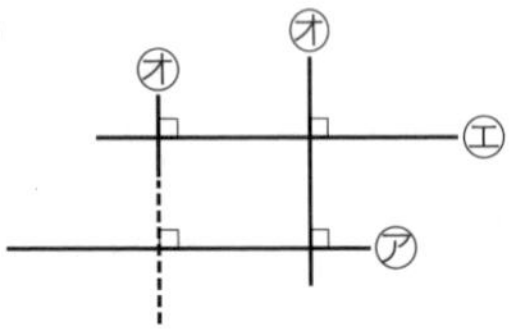

㋔の長さには関係なく, 垂直な関係といえます。

(3)

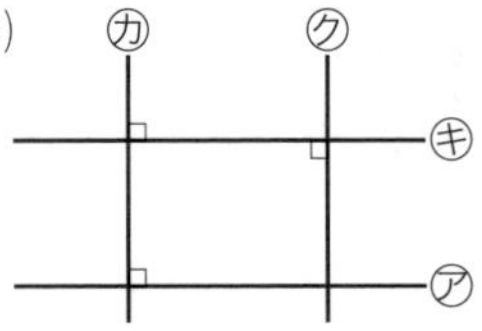

上の図のような関係なので, 直線㋐と直線㋗は垂直になります。

3 (1)平行な直線は次のようにかきます。

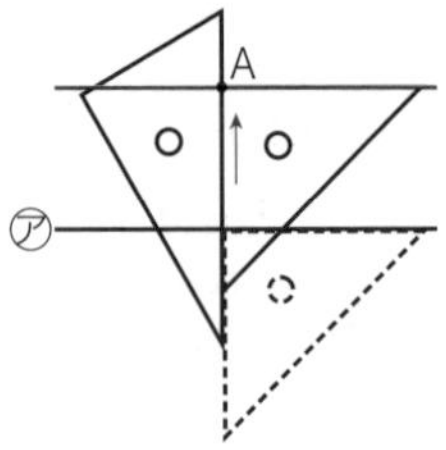

4 (1)角㋑と角㋙, 角㋒と角㋚は, 同位角の関係にあります。角㋒と角㋙は, さっ角の関係にあります。
(3)角㋐と角㋓は同じ角度で 150° です。
角㋑=180°−150°=30°
角㋑と角㋚は等しいので,
角㋓と角㋚の和は,
150°+30°=180°

ポイント 下の図の㋐と㋒, ㋑と㋓のような位置にある2つの角を「同位角」, ㋑と㋒のような位置にある2つの角を「さっ角」といいます。
①と②が平行であるとき, 同位角とさっ角は等しくなります。

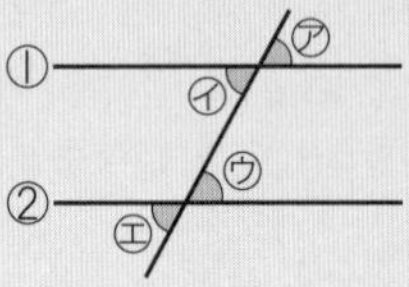

5 (1)

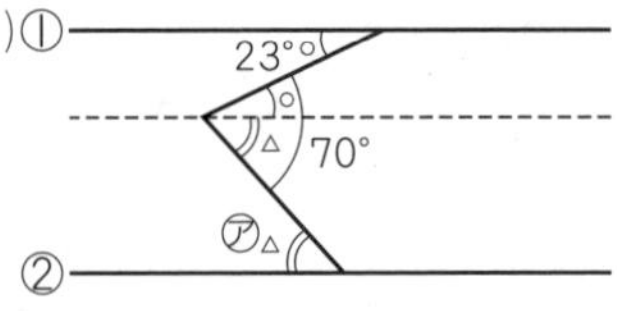

70° から○にあたる 23° をひくと, △の㋐の角度がわかります。
70°−23°=47°

(2)

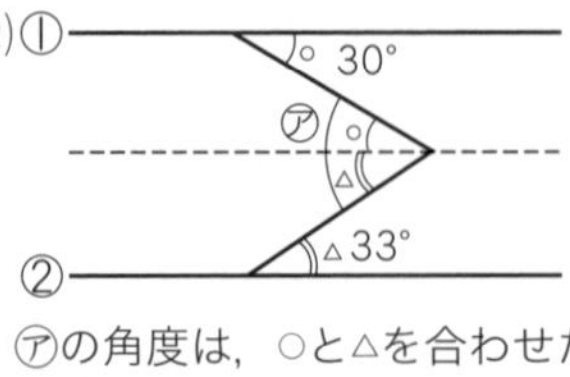

㋐の角度は, ○と△を合わせた角度になるので,
30°+33°=63°

ハイクラス

p.50〜51

1 (1)62° (2)118°

2 ㋐60° ㋑150°

3 (1)辺エウ，辺オカ，辺クキ

(2)アオ，オウ，ウキ

4 (1)60° (2)120° (3)90°

5 (1)2と12，3と11，

4と10，5と9，

6と8

(2)2と6，3と5

8と12，9と11

6 62°

📖 とき方

1 (1)辺 BE と辺 GF は，

平行です。

角㋐は，。と角度が

等しいので，

90°−28°=62°

(2)180°−62°=118°

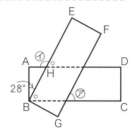

2 直線 BC，DC をそ

れぞれのばすと，右

の図のようになりま

す。

180°−130°=50°

角㋐+50°=110°

だから，

角㋐=110°−50°=60°

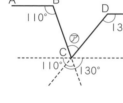

3 1つの正方形の4辺の長さは，すべて等しいです。

4 (1)三角じょうぎの角度は 90°，30°，60° で，こ

の角は 60° です。

(2)180°−60°=120°

(3)角㋑は 30°，角㋓は 60° なので，90° になり

ます。

5 (1)垂直になるのは，90° に交

わっているときなので右の図

のようになります。

(2)平行になるときは，右の図

のようになります。

---

6 長方形を折り返した図なので，下の図で，角㋒の

大きさは，角㋑+56° になります。

角㋒+角㋑=180° なので，

角㋑+56°+角㋑=180°

角㋑=(180°−56°)÷2=62°

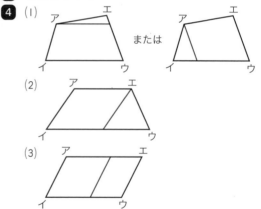

---
12 四角形

⅄ 標準クラス

p.52〜53

1 (1)ウ，オ，ク (2)正方形

2 (1)長方形 (2)平行四辺形 (3)ひし形

3 しょうりゃく

4 (1)

ア エ ／ イ ウ

または

ア エ ／ イ ウ

(2)

ア エ ／ イ ウ

(3)

ア エ ／ イ ウ

5 ㋐平行四辺形 ㋑台形

㋒正方形 ㋓台形 ㋔ひし形

📖 とき方

1 (1)平行四辺形は，向かい合う辺の長さが等しく，

また，向かい合う角の大きさも等しくなってい

ます。平行四辺形のせいしつは，**ウ**，**オ**，**ク**。

(2)**ア**のじょうけんに合うのは，正方形とひし形

です。このうち**カ**のせいしつにあてはまるのは，

正方形だけです。

2 (1)対角線の長さが等しく，それぞれの真ん中で

交わるので，長方形です。

(2)対角線の長さはちがいますが，それぞれの真

ん中で交わるので，平行四辺形です。

(3)対角線の長さはちがいますが，それぞれの真

ん中で垂直に交わるので，ひし形です。

---

❸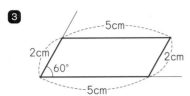

❹ (1)台形は1組の辺が平行です。
平行な辺がないので，向かい合う辺が1組平行になるようにします。
(2)平行四辺形は2組の辺が平行です。
1組の平行な辺があるので，もう1組平行な辺をつくります。
(3)平行四辺形をひし形にするためには，すでに2組の辺は平行なので，となり合う辺の長さを等しくします。

❺ ㋐向かい合う2組の辺が平行なので，平行四辺形です。
㋑向かい合う1組の辺が平行なので，台形です。
㋒向かい合う2組の辺が平行で，4つの辺の長さが等しいので，正方形です。
㋓向かい合う1組の辺が平行なので，台形です。
㋔対角線がそれぞれの真ん中で垂直に交わるので，ひし形です。

▶ ハイクラス   p.54〜55

❶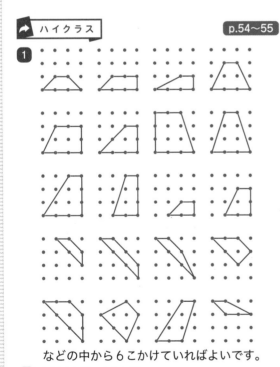

などの中から6こかけていればよいです。
❷ (1)長方形　(2)台形
❸ (1)アイ　(2)アウ
❹ (1)5 cm　(2)㋐70°　㋑70°
❺ 3つ
❻ (例)平行四辺形の向かい合う辺は平行なので，

下の図の㋒の角は，㋐の角と同じ大きさになります。
㋒と㋑の角の大きさの和は180°なので，㋐と㋑の角の大きさの和は180°となります。

────── 📖 とき方 ──────
❶ 台形の上底の長さを，1目もりと2目もりに分けて考えるとよいでしょう。

> 👉ポイント　それぞれの図形には，次のようなせいしつがあります。
> 台形
> ・1組の向かい合う辺が平行。
> 平行四辺形
> ・2組の向かい合う辺が平行で，長さが等しい。
> ・2本の対角線が，それぞれの真ん中で交わる。
> ・2組の向かい合う角の大きさが等しい。
> 長方形
> 　平行四辺形のせいしつのほかに，
> ・4つの角がすべて直角。
> ・2本の対角線の長さが等しい。
> ひし形
> 　平行四辺形のせいしつのほかに，
> ・4つの辺の長さがみな等しい。
> ・2本の対角線が垂直に交わる。
> 正方形
> 　平行四辺形のせいしつのほかに，
> ・4つの辺の長さがみな等しい。
> ・4つの角がすべて直角。
> ・2本の対角線の長さが等しく，垂直に交わる。
> 次のような見かたで，それぞれの関係をたしかめていくといいでしょう。
> 辺…(長さ，向かい合う辺→平行)
> 角…(向かい合う角，直角)
> 対角線…(長さ，交わり方→垂直)

❷ (1)広げると4つの角がすべて90°になるので，長方形です。
(2)広げるとさっ角が30°で同じになるので，1組の辺が平行になります。もとの四角形は，台形です。
❸ アイで切った場合
　　ひし形

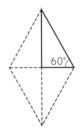

⑯

アウで切った場合
正方形

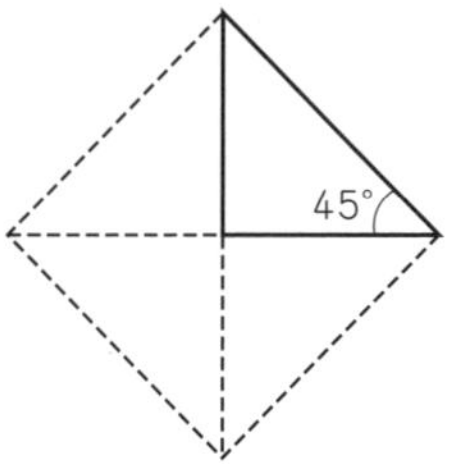

4 (2)三角形 DEF は二等辺三角形です。
D の角の大きさは 70° だから，角㋐も 70° です。
辺 AD と辺 BC は平行だから，
角㋑=角㋐=70° になります。

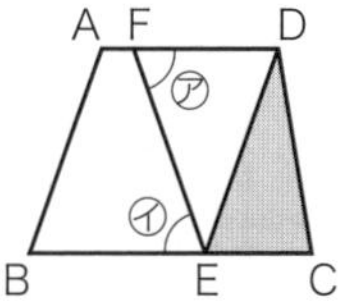

13 四角形の面積 ①

標準クラス　p.56～57

1 (1)144 cm^2　(2)234 cm^2
(3)49 cm^2　(4)15 cm

2 イが 16 cm^2 広い。

3 (1)56.25　(2)5.2

4 (1)73 cm^2　(2)104 cm^2
(3)150 cm^2　(4)343 cm^2

とき方

1 (1)12×12=144(cm^2)
(2)13×18=234(cm^2)
(3)まわりの長さが 28 cm なので，1 辺(へん)の長さは，
28÷4=7(cm) です。
7×7=49(cm^2)
(4)横の長さを□ cm とすると，
6×□=90　□=90÷6=15

2 アの面積(めんせき)は，20×28=560(cm^2)
イの面積は，24×24=576(cm^2)
差(さ)は，576−560=16(cm^2)

3 (1)長方形の面積なので，
6.25×9=56.25(cm^2)
(2)□×4=20.8 なので，
□=20.8÷4=5.2(cm)

4 (1)大きい長方形から，小さい長方形の面積をひいて求(もと)めると，
9×12=108(cm^2)
5×(12−5)=35(cm^2)
108−35=73(cm^2)

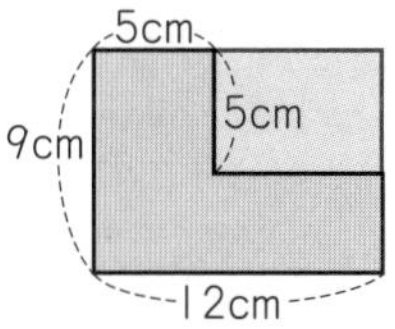

(2)大きい長方形から，小さい長方形の面積をひいて求めると，
8×16=128(cm^2)
3×8=24(cm^2)
128−24=104(cm^2)

(3)右の図のように，3 つの部分に分けて計算すると，
5×5+5×(5+5)
　+5×(5+5+5)
=150(cm^2)

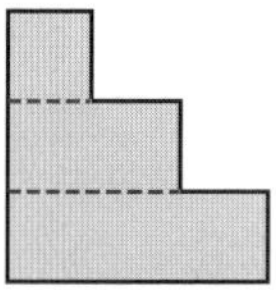

[別のとき方] 右の図のように，一部をいどうすると，長方形になります。
(5+5)×(5+5+5)
=150(cm^2)

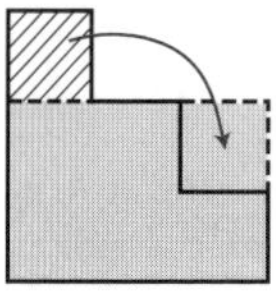

(4)右の図のように，3 つの部分に分けて計算すると，
7×21+21×7+7×7
=7×(21+21+7)
=343(cm^2)

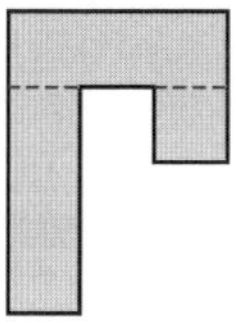

ハイクラス　p.58～59

1 (1)25 cm^2　(2)5 cm

2 (1)30 cm^2　(2)9 cm^2　(3)52.5 cm^2
(4)21 cm^2

3 (1)60 cm^2　(2)112 cm^2

4 20 cm^2

5 760 cm^2

6 (例)120÷2=60(cm) なので，長方形の横の長さは 60−18=42(cm) です。だから，長方形の面積は，18×42=756(cm^2)
正方形の 1 辺の長さは，120÷4=30(cm) です。だから，正方形の面積は，
30×30=900(cm^2) です。
したがって，正方形の面積は長方形の面積より，900−756=144(cm^2) 広い。

とき方

1 (1)図のように上側(うえがわ)と下側(したがわ)の長方形に分けて考えます。

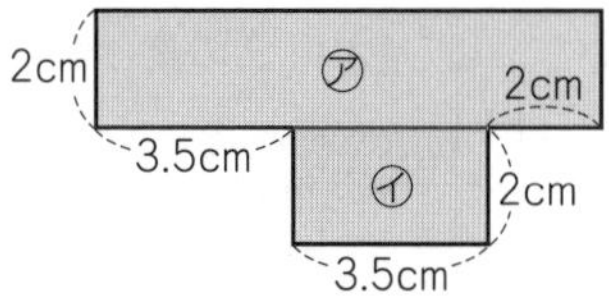

㋐の長方形の面積は，横の長さが

3.5+3.5+2=9(cm) なので,
2×9=18(cm^2)
㋑の長方形の面積は, 2×3.5=7(cm^2)
よって, 18+7=25(cm^2)

(2) 正方形の面積は 1辺の長さ×1辺の長さ
よって, 面積が 25 cm^2 となるのは,
5×5=25 なので, 5 cm です。

2 (1) この三角形の面積は, 長方形の面積の半分なので, 5×12÷2=30(cm^2)

(2) この三角形の面積は, 正方形の面積を 4 つにわけた 1 つ分なので,
6×6÷4=9(cm^2)

(3) 色のついていない三角形の面積は, (1)と同じように考えて, 5×7÷2=17.5(cm^2)
色のついた台形の面積は, 長方形から三角形の面積をひけば求めることができます。
長方形の面積は, 5×14=70(cm^2) なので,
70−17.5=52.5(cm^2)

(4) (1)と同じように考えて, 三角形㋐の面積は,
6×12÷2=36(cm^2)
三角形㋑の面積は, 6×5÷2=15(cm^2)
色のついた三角形の面積は, 長方形から三角形㋐と㋑の面積をひいて,
6×12−(36+15)=21(cm^2)

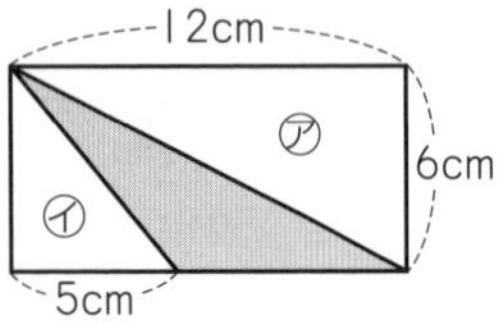

3 (1) 正方形の面積から, 色のついていない長方形の面積をひけばいいので,
10×10−10×4=100−40=60(cm^2)

(2) 色のついていない部分をはしの方によせて考えましょう。
色のついた部分は, たてが 8 cm, 横が 14 cm の長方形と同じ面積になるので,
8×14=112(cm^2)

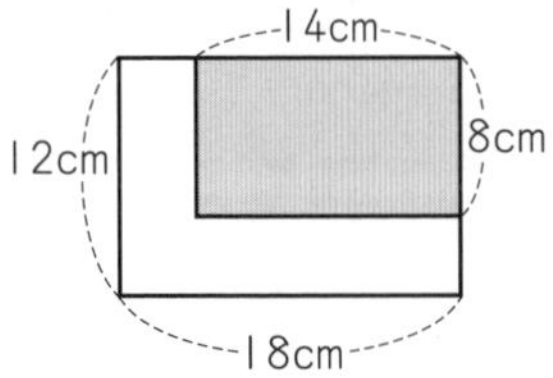

4 色のついていない正方形の 1 辺の長さは, 次の図のように, 6−(1+1)=4(cm)
よって, 色のついた部分の面積は,
大きい正方形から, 小さい正方形の面積をひいて,
6×6−4×4=20(cm^2)

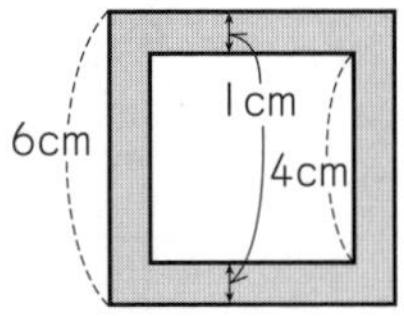

5 横の長さは, のりしろの部分を考えて,
20+20−2=38(cm)
求める面積は, 20×38=760(cm^2)

> **ポイント** まわりの長さから, 長方形のたての長さや横の長さを考える場合には, 「たての長さ+横の長さ=まわりの長さの半分」であることを利用(りよう)します。

14 四角形の面積 ②

標準クラス p.60〜61

1 (1) 60000 (2) 130 (3) 42 (4) 2550
(5) 5 (6) 4.81 (7) 0.03 (8) 700

2 (1) 1680 m^2, 16.8 a
(2) 780 ha

3 (1) 1.7 m^2 (2) 75 ha

4 (1) 10 a, 0.1 ha (2) 20 m

5 2.24 a

とき方

1 面積(めんせき)の単位(たんい)の関係(かんけい)は, 下のポイントのようになるので, しっかり覚(おぼ)えておきましょう。

> **ポイント** 単位のかん算
> それぞれの単位を正方形で覚えておくと便利(べんり)です。

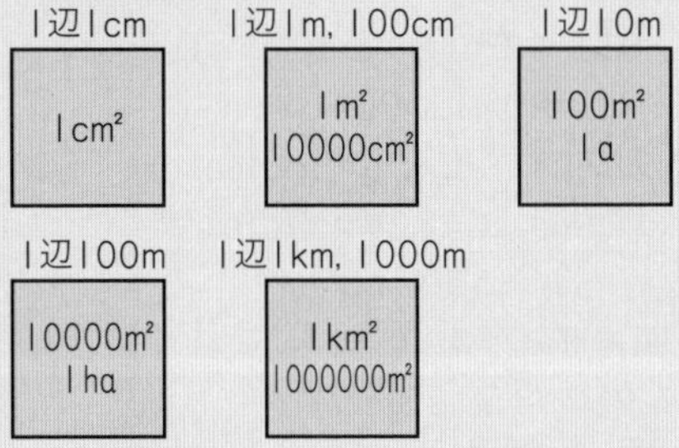

(1) 1 m^2=10000 cm^2 なので, 6 m^2=60000 cm^2

(2) 1 a=100 m^2 なので,
1.3 a は, 1.3×100=130(m^2)

(3) 1 ha=10000 m^2, 1 km^2=1000000 m^2 なので, 1 ha=0.01 km^2
よって, 4200 ha は, 4200×0.01=42(km^2)

(4) 1 ha=100 a なので,
25.5 ha は, 25.5×100=2550(a)
(5) 1 km^2=1000000 m^2 なので,
5000000 m^2 は,
5000000÷1000000=5(km^2)
(6) 1 m^2=10000 cm^2 なので,
48100 cm^2 は, 48100÷10000=4.81(m^2)
(7) 1 a=100 m^2 なので, 3 m^2 は,
3÷100=0.03(a)
(8) 1 ha=10000 m^2 なので,
0.07 ha は, 0.07×10000=700(m^2)

[2] (1) 35×48=1680(m^2)
1 a=100 m^2 なので,
1680 m^2 は, 1680÷100=16.8(a)
(2) 2.6×3=7.8(km^2)
1 km^2=100 ha だから, 7.8 km^2=780 ha

[3] (1) 答えは m^2 で答えるので, たての長さを m になおしてから面積を計算しましょう。
85 cm=0.85 m なので,
長方形の面積は, 0.85×2=1.7(m^2)
(2) まずはたての長さを m になおして, m^2 での面積を考えましょう。
3 km=3000 m なので,
3000×250=750000(m^2)
1 ha=10000 m^2 なので,
750000 m^2 は,
750000÷10000=75(ha)

[4] (1) 次の㋐～㋒の3つの求(もと)め方があります。
㋐右の図のように, 2つの部分に分けて計算します。
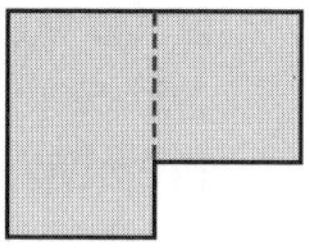
20×20=400(m^2)
30×(40−20)=600(m^2)
400+600=1000(m^2)
㋑右の図のように, 2つの部分に分けて計算します。
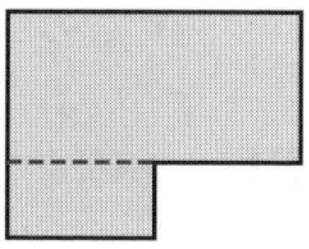
20×40=800(m^2)
(30−20)×(40−20)
=200(m^2)
800+200=1000(m^2)
㋒右の図のように, 大きい長方形から欠(か)けた部分をひきます。
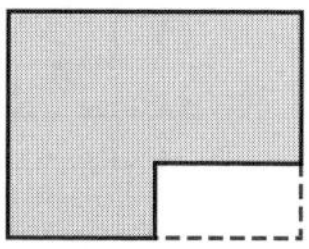
30×40=1200(m^2)
(30−20)×20=200(m^2)
1200−200=1000(m^2)
1 a=100 m^2 だから,
1000 m^2=10 a

[5] 4×20+4×40−4×4=224(m^2)
1 a=100 m^2 だから,
224 m^2=2.24 a

ハイクラス

p.62～63

[1] (1) 2980
(2) 89
(3) 64
(4) 374.5
[2] 208 m^2
[3] 98 a
[4] 16
[5] (1) たて…37 m　横…49 m
(2) 1813 m^2
[6] 0.13 km^2
[7] 50 cm^2
[8] 40 cm^2

とき方

[1] (1) 1 m^2=10000 cm^2 なので,
0.25m^2=2500 cm^2
よって, 480+2500=2980(cm^2)
(2) 1 ha=100 a なので, 0.57 ha=57 a
1 a=100 m^2 なので, 3200 m^2=32 a
よって, 57+32=89(a)
(3) 1 km^2=1000000 m^2=100 ha なので,
1.23 km^2=123 ha
1 ha=100 a なので, 900 a=9 ha
よって, 123−50−9=64(ha)
(4) 1 a=100 m^2=1000000 cm^2 なので,
380000000 cm^2=380 a
1 ha=100 a なので, 0.27 ha=27 a
1 a=100 m^2 なので, 2150 m^2=21.5 a
よって, 380−27+21.5=374.5(a)

[2] しばふの面積=庭の面積−池の面積 になります。
14×16−4×4=208(m^2)

[3] 単位がちがっている場合は, 単位をそろえて計算します。ここでは, a にそろえると計算しやすくなります。
7 ha=700 a, 1.52 ha=152 a,
5000 m^2=50 a だから,
700−152−400−50=98(a)

[4] 長方形の面積は, 色のついた三角形の部分の面積の2倍です。よって, 長方形の面積は,
104×2=208(cm^2)
13×□=208
□=208÷13=16(cm)

5 (1)たての長さを□mとすると，このプールは右の図のようになります。

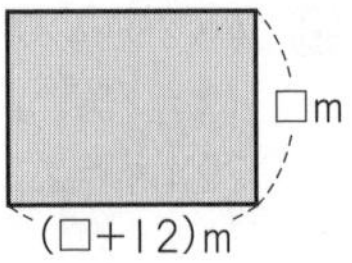

□+(□+12)=172÷2
□×2+12=86
□×2=86−12
□×2=74
□=74÷2
□=37

横の長さは，37+12=49(m)

(2)37×49=1813(m^2)

6 道路の部分をはしによせると，右の図のようになります。

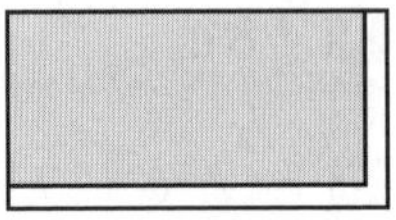

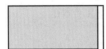

(260−10)×(530−10)
=130000(m^2)
1 km^2=1000000 m^2 だから，
130000 m^2=0.13 km^2

7 正方形の面積から，アとイの直角三角形の面積をひきます。

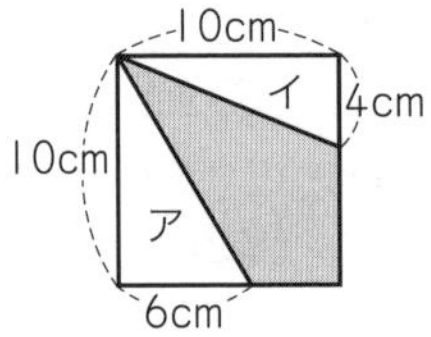

10×10−(6×10÷2
+4×10÷2)
=100−(30+20)
=100−50
=50(cm^2)

8 重なっている部分アとイの面積の和は，正方形の半分です。

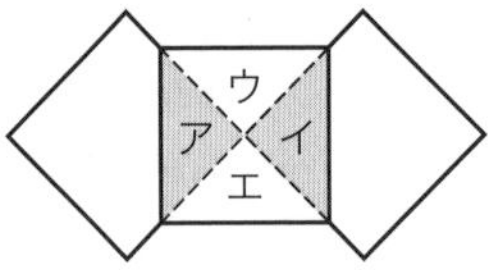

この部分を3まいの正方形の面積からひきます。

4×4×3−4×4÷2=48−8=40(cm^2)

[別のとき方] 上の図で，ウとエの部分の面積の和は，正方形の半分です。

正方形2まいの面積とこの部分の面積をたします。

4×4×2+4×4÷2=32+8=40(cm^2)

15 直方体と立方体

標準クラス

p.64〜65

1 (1)直方体 (2)正方形

2 (1)立方体 (2)4 cm (3)直方体

(4)

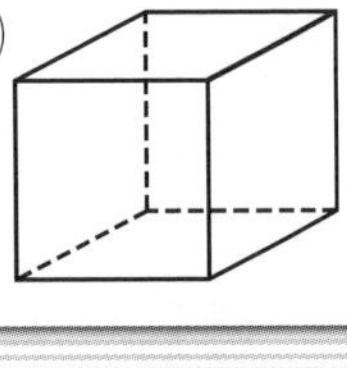

(5)

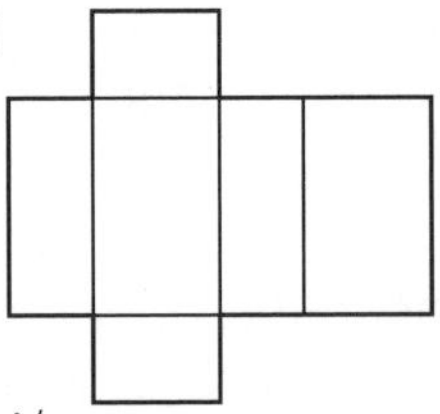

3 (1)辺(へん)オカ，辺エウ，辺クキ

(2)辺アエ，辺イウ，辺クエ，辺キウ

(3)面エウキク

(4)辺エク，辺ウキ，辺アエ，辺イウ

(5)辺アイ，辺エウ，辺クキ，辺オカ

(6)辺アイ，辺イウ，辺ウエ，辺エア

(7)0本

4 イ，ウ，エ，カ

とき方

1 右の図のような箱の形は，ちょう点8こ，辺12本，面6つからできています。

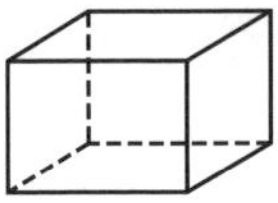

2 ㋐は，さいころの形になります。直方体では，箱の向きにより，高さは3通り考えられますが，立方体は，面の形が正方形でできているので，たて，横，高さはすべて等しくなります。

3 直方体や立方体の辺や面は垂直(すいちょく)や平行の関係(かんけい)です。

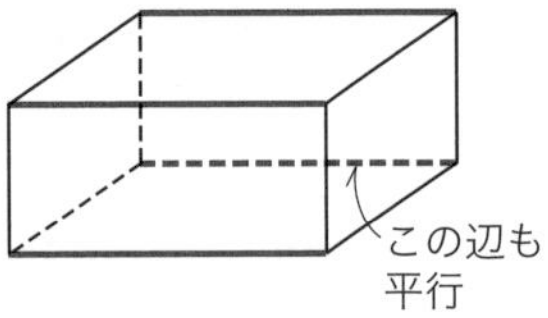

4つの辺は，平行の関係にあります。

直方体や立方体の辺で平行の関係にある辺は，長方形の向かい合う辺は等しいというせいしつから長さが等しくなります。

また，1つのちょう点から，3本の辺が出ています。

これらの3本の辺は，おたがいに垂直の関係になっています。

4 立方体のてん開図は，次の11通りあります。

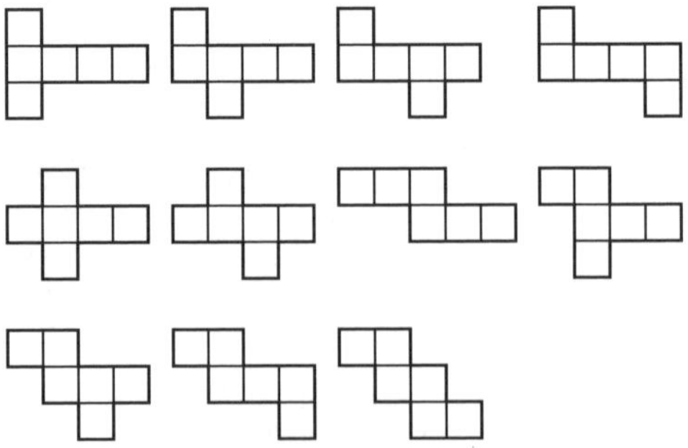

ハイクラス　p.66〜67

1 (1)オの面
(2)点D，点F
(3)辺KJ

2 2辺の長さが2cmと4cmの長方形が2まい

3 (1)288 cm²
(2)96こ

4 128 cm

5 (1)㋐…6，㋑…5，㋒…4
(2)点C
(3)辺GF
(4)6
(5)14
(6)たて6cm，横15cm

とき方

1 箱の形では，ちょう点は8こ，辺は12本です。
1つのちょう点からは，3本の辺が出ています。
この3本は，必(かなら)ず，箱のたて，横，高さになります。

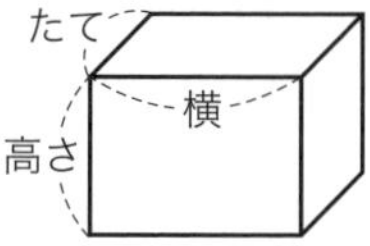

> **ポイント** てん開図や見取図(みとりず)と，できあがった箱の形の辺やちょう点や面について，それらの位置関係(いちかんけい)をとらえることがたいせつです。
> ちょう点や辺の位置関係を表すことばは，
> ・向かい合う
> ・重なる
> ・となり合う
> となります。

2 直方体には，3種類(または，2種類)の面が必要(ひつよう)です。

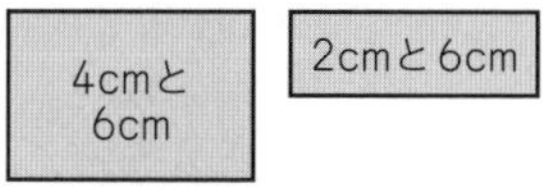

直方体の大きさは，たて・横・高さの3つの長さで決まります。
3つの長さは，2cm，4cm，6cmです。2つの長さの組み合わせでないものは，2cmと4cmの組み合わせだとわかります。
同じような問題に，ひごで直方体をつくる問題もあります。

3 (1)底の面積は，
$8\times16=128$(cm²)
切り取った正方形の面積の合計は，
$6\times6\times4=144$(cm²) だから，
$20\times28-128-144=288$(cm²)
(2)この直方体は，たて8cm，横16cm，高さ6cmだから，さいころは，たてに4こ，横に8こ，高さに3こ入ります。
$4\times8\times3=96$(こ)

4 直方体の箱にかけるリボンの長さは，
(たて+横)×2+高さ×4+結(むす)び目
で求めます。
$(15+20)\times2+10\times4+18=128$(cm)

5 さいころの向かい合う面の目の数の和は，7になります。
さいころをつくるとき，どの辺とどの辺が重なるか気をつけましょう。
(4)㋐と⊡の面が平行だから，□+1=7 で，㋐は6になります。
(5)㋐以外(いがい)の4つの面は，すべて⊡の面に垂直だから，
$2+3+4+5=14$

16 位置の表し方

標準クラス　p.68〜69

1 (1)(横2，たて5)
(2)(横0，たて2)
(3)(横3，たて0)

2

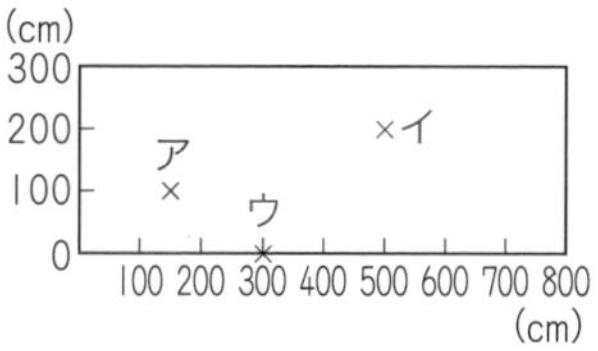

3 (1)(横5cm，たて0cm，高さ0cm)
(2)(横0cm，たて4cm，高さ0cm)
(3)(横5cm，たて0cm，高さ3cm)
(4)(横0cm，たて4cm，高さ3cm)

4 (1)(0，0，0)
(2)(3，1，0)
(3)(4，3，1)
(4)(2，3，3)
(5)(1，2，3)
(6)(1，1，2)

5 (1)点イ(東へ5m，北へ10m，上へ10m)
点ウ(東へ0m，北へ20m，上へ15m)
(2)点カ(西へ0m，南へ15m，上へ20m)
点キ(西へ5m，南へ25m，上へ10m)

とき方

> **ポイント** 位置を表す問題は，
> ・平面の位置を表す問題
> ・空間の位置を表す問題
> の２種類があります。
> 平面の位置の表し方は，グラフの読み方によくにています。
> グラフには，横のじくとたてのじくがありました。必要なことがらは，じくに書かれているので，そのときのようにします。
> (横，たて)
> のように２つを表せば，位置がわかります。
> 空間の位置の表し方は，平面の表し方に高さが加わります。
> (横，たて，高さ)です。
> 位置を見つける場合は，スタートのところから順に書かれている数だけいどうしていきます。
>
> 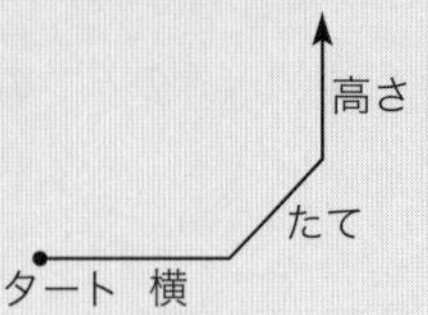
>

[4] アをもとにして考えるので，アがスタートになります。
アをもとにするということは，
ア(0，0，0)になります。
このアから横に 3，たてに 1 進んだところでイになります。だから，高さは0になります。
このことを次のように表します。
イ(3，1，0)
ウを考えるときは，また，アが出発点になります。

[5] これまでの(横，たて，高さ)という表し方が(東へ，北へ，上へ)となっていますが，同じように考えていけばよいでしょう。5 m おきなので，1 ますを 5 m と数えていきます。

チャレンジテスト⑤

p.70〜71

[1] (1)38°　(2)66°
[2] ㋐ 45°　㋑ 60°
[3] 171°
[4] 9 cm
[5] (1)点 C，点 I　(2)辺 JK　(3)24 cm^2
[6] 9 m
[7] (例)

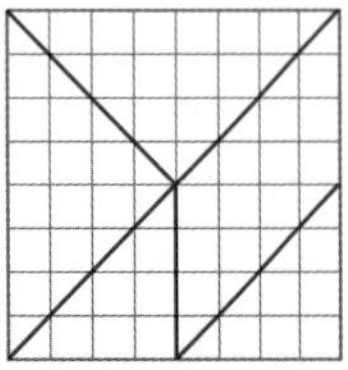

とき方

[1] (1)右の図より，
角㋐+90°=128°
角㋐=128°−90°=38°

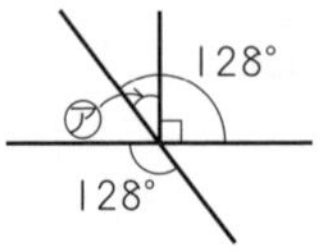

(2)右の図より，
24°+90°+角㋐=180°
角㋐=180°−(24°+90°)
=66°

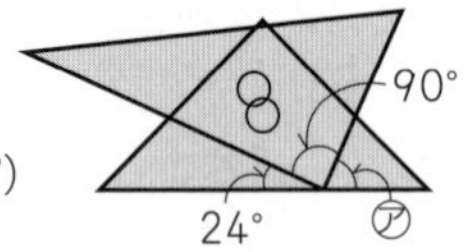

[2] 向かい合った角(対ちょう角)は等しいので，
㋐は 45° となります。
右の図のように補助線をひきます。
㋒は 45° の角とさっ角の関係にあるので 45°，
同じように，㋓は 15° の角とさっ角の関係にあるので　15° となります。
よって，㋑は 45°+15°=60°

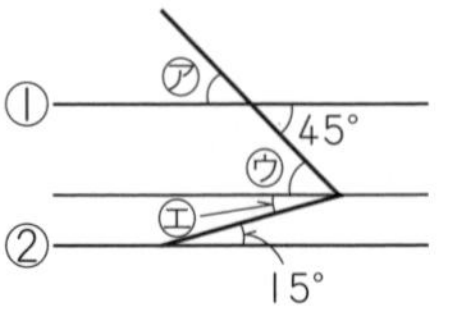

[3] 2 kg のはかりなので，100 g は，
360°÷20=18°
50 g はその半分で 9° になります。
950 g だから，18°×9+9°=171°

[4] まきじゃくが，たての長さと横の長さをそれぞれ２回通っていることを考えてみると，残った長さが高さの分になります。ただし，高さは４回通っています。
1 m=100 cm だから，
100−20×2−12×2=36(cm)
36÷4=9(cm)

[5] (1)(2)点 A と重なる点や辺 NM と重なる辺を図で表すと，右の図のようになります。
(3)どの面も 1 辺 2 cm の正方形で，6 面あるから，
2×2×6=24(cm^2)

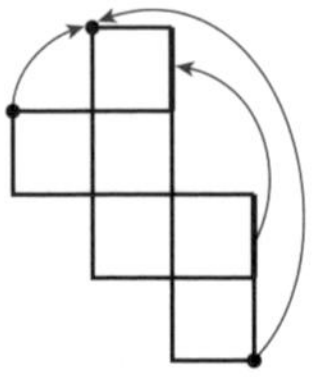

[6] ㋐と㋑の面積が同じということは，もとの長方形の面積の半分ということです。
12×15÷2=90(m^2)
㋐の長方形のたての長さは 10 m だから，横の長さは，90÷10=9(m)

チャレンジテスト⑥

p.72〜73

[1] (1)名まえ…**長方形**　記号…**イ，ウ**
(2)名まえ…**ひし形**　記号…**ア，ウ**
(3)名まえ…**正方形**　記号…**ア，イ，ウ**

(4)名まえ…平行四辺形（へいこうしへんけい）　記号…**ウ**

[2] ア(横 12，たて 5)
→(横 10，たて 4)
→(横 8，たて 3)
→イ(横 6，たて 2)
→(横 4，たて 1)
→ウ(横 2，たて 0)

[3] 295°

[4] 4 cm²

とき方

[1] 四角形の対角線のせいしつはしっかりおさえておきましょう。

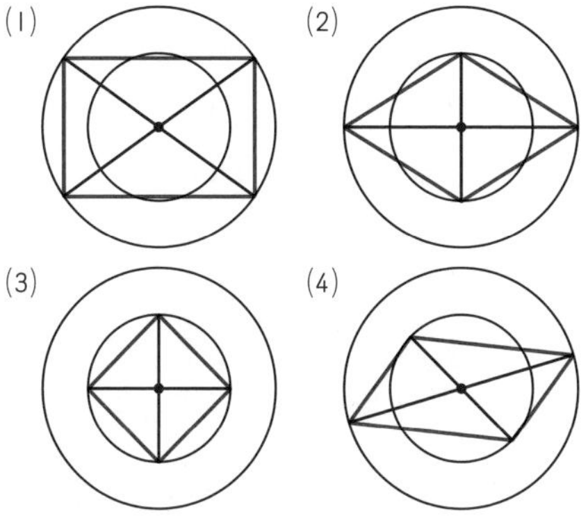

[2] 箱の線は，下の図のようになります。

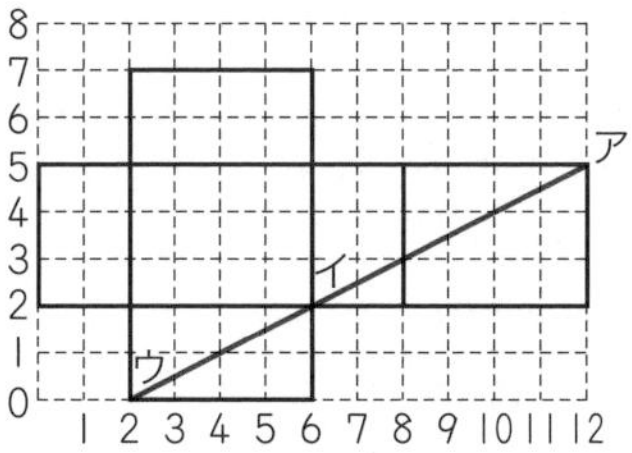

[3]

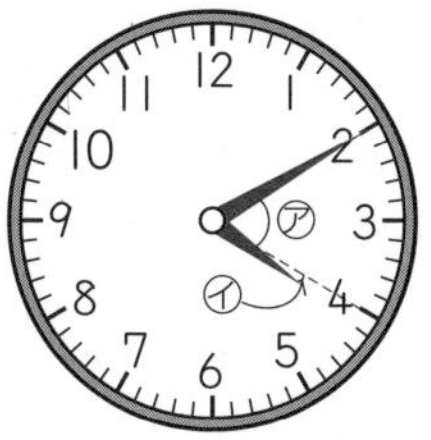

上の図のように，長いはりと4を指す点線がつくる角を角㋐，短いはりと4を指す点線がつくる角を角㋑とします。
角㋐は，1周(360°)を6つにわけた1つ分なので，360°÷6=60°
また，短いはりは12時間に1周(360°)するので，1時間では，360°÷12=30° 回ります。
さらに，短いはりは1時間=60分 で30°回るので，1分間では，30°÷60=0.5° 回ります。
短いはりは，4の位置（いち）から10分間分回っているので，角㋑は，
0.5×10=5°
小さいほうの角は，60°+5°=65°
大きいほうの角は，360°−65°=295°

[4] 図のように補助線をひくと，16この小さい三角形に分けられることがわかります。
求（もと）める色のついた部分の面積は，この小さい三角形4つ分なので，
(4×4)÷16×4=4(cm²)
└大きい正方形の面積

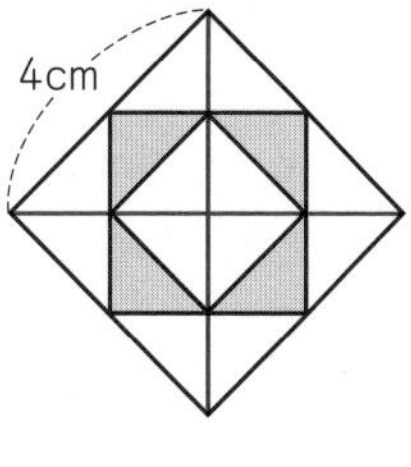

17 植木算

標準クラス　p.74～75

1. 21本
2. 300 m
3. 1 cm 9 mm
4. 11本
5. (1)18 cm　(2)54 cm　(3)25本
6. 291.2 m

とき方

1. 木と木の間の数は，300÷15=20
木の数は間の数より1多いので，
20+1=21(本)

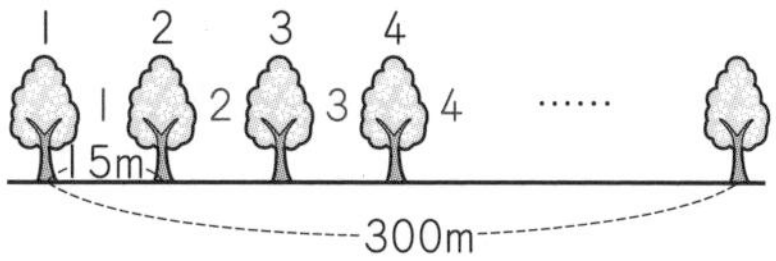

2. 池のまわりに木を植えるとき，木の○の数とその間の●の数の関係（かんけい）を考えます。すると，間の数は木の数と等しくなるので，12×25=300(m)

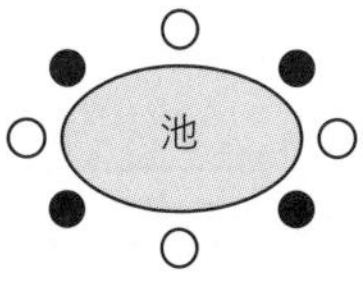

ポイント　植木算のとき方

木の数やその間の長さや全体の長さを求（もと）める問題では，次のように考えます。
木(○)と間(●)の数の関係は，
㋐木を両はしに植える場合→○=●+1
○●○●○●○●○

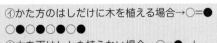

⑦かた方のはしだけに木を植える場合→○=●
　○●●●○●○●

⑦木を両はしとも植えない場合→○=●ー1
　●○●○○●●○

⑤池などのまわりに木を植える場合→○=●

❸

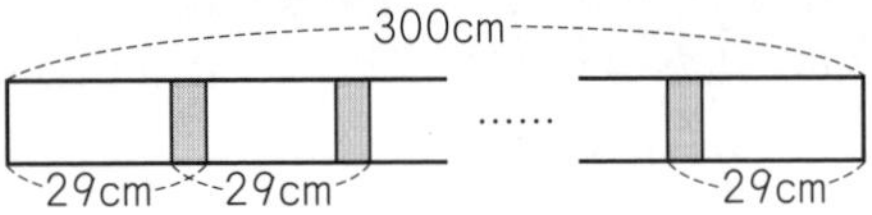

11本のテープを重ねずにならべると，
29×11=319(cm)
3 m のテープとの差は，319－300=19(cm)
のりしろの数は，テープの数より1少なく10か
所なので，のりしろは，19÷10=1.9(cm)
1.9 cm=1 cm 9 mm

❹ 間の数は，180÷15=12
次の図より，小さな旗の数は間の数より1本少な
いので，12－1=11(本)

❺ (1)リボン1本の場合，輪をつくるために1か所
ののりしろがいるので，20－2=18(cm)
(2)のりしろが3か所より，
20×3－2×3=54(cm)
(3)リボンの数と，のりしろの数が同じ数なので，
リボン1本分の長さは，20－2=18(cm) と考
えることができます。4.5 m=450 cm より，
リボンの本数は，450÷18=25(本)

❻ 長方形の土地なの
で，池のまわりの
ように，間の数と
くいの数は等しく 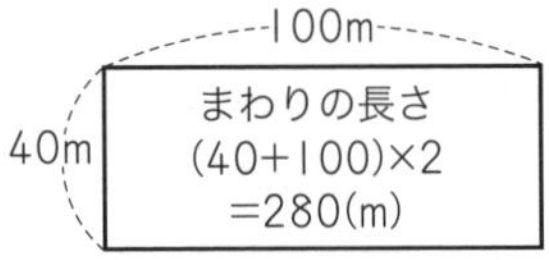
なります。長方形のまわりの長さは 280 m なの
で，くいの本数は，280÷5=56(本)
とめるためのはり金の長さは，
56×0.2=11.2(m) なので，全部で，
280+11.2=291.2(m)

まわりの長さ
(40+100)×2
=280(m)
100m
40m

▶ ハイクラス　　　　　　　　　p.76～77

❶ (1)13本　(2)60本
❷ 10384 cm²
❸ 104 本
❹ (1)48 cm²　(2)28 まい
❺ (1)120 m　(2)864 m²

📖 とき方

❶ (1)両はしにもリボンがいるので，リボンの数は

間の数より1多くなります。間の数は，
216÷18=12なので，リボンの数は，
12+1=13(本)
(2)下の図のように，赤いリボンと赤いリボンの
間には，それぞれ，18÷3－1=5(本) の青い
リボンがいります。よって，青いリボンの数は，
5×12=60(本)

❷ のりしろの数はたても横も2か所だから，たての
長さは，40×3－2=118(cm)
横の長さは，30×3－2=88(cm)
よって，面積は，118×88=10384(cm²)

❸ 5 m 外側に，木を植えるので，次の図のように大
きな長方形の上に木を植えていくことになります。

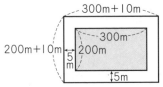

大きな長方形のまわりの長さは，たて 210 m，
横 310 m より，(210+310)×2=1040(m)
長方形のまわりに木を植えるときは，池のまわり
に木を植えるときと同じなので，
1040÷10=104(本)

❹ (1)横の長さは，1まい目は 6 cm，2まい目から
5 cm ずつふえるので，3まいはり合わせると，
6+5×2=16(cm)
面積は，3×16=48(cm²)
(2)1まい目は 1 cm＋5 cm で，2まい目から 5
cm ずつふえるので，(141－1)÷5=28(まい)

❺ (1)長方形の土地のまわりに木を植えるとき，間
の数は木の数と等しくなります。
6×20=120(m)
(2)4つの角には，必ず植えるから，辺の長さは
6でも4でもわり切れる数になります。
つまり，12，24，36，48 です。
このうち，和が 60 になるのは，12 と 48，
24 と 36
面積が最大になるのは，24×36=864(m²)

18 日暦算

Y 標準クラス　　　　　　　　p.78～79

❶ (1)月曜日　(2)25 日

2 111日後

3 月曜日

4 8月29日金曜日

5 (1)月曜日　(2)11月

6 月曜日

7 (1)木曜日　(2)2021年7月21日

 とき方

1 (1)20日は，20−3=17(日後)なので，
17÷7=2あまり3
あまりが3なので，金曜日の3日後で月曜日です。

(2)第1土曜日は4日で，その3週間後は，
4+7×3=25(日)

> **ポイント** 曜日を考える問題では，1週間は7日なので，日数を7でわったときのあまりの数で考えます。わり切れれば同じ曜日，1あまれば1日あとの曜日，2あまれば2日あとの曜日，…となります。

2 6月はあと，30−26=4(日)なので，10月15日は，4+31+31+30+15=111(日後)

> **ポイント** 日数を考える問題では，1か月ごとの日数に分けて考えます。
> 1月，3月，5月，7月，8月，10月，12月は31日，4月，6月，9月，11月は30日，2月は28日ですが，うるう年は29日になります。

3 1月があと 31−13=18(日)，2月が28日，3月が31日，4月が9日あるので，4月9日は1月13日の18+28+31+9=86(日後)
86÷7=12あまり2より，土曜日の2日後なので，月曜日です。

4 5月31日は，31−21=10(日後)
6月30日は，10+30=40(日後)
7月31日は，40+31=71(日後)
8月31日は，71+31=102(日後)なので，100日後は2日前の8月29日。
また，100÷7=14あまり2より，金曜日です。

5 (1)3月はあと 31−1=30(日)なので，
5月1日は，30+30+1=61(日後)
61÷7=8あまり5
水曜日の5日後なので，月曜日です。

(2)4月1日は，30+1=31(日後)
31÷7=4あまり3より，土曜日。
5月1日は月曜日。
6月1日は 31÷7=4あまり3より，木曜日。
7月1日は 30÷7=4あまり2より，土曜日。

8月1日は 31÷7=4あまり3より，火曜日。
9月1日は 31÷7=4あまり3より，金曜日。
10月1日は 30÷7=4あまり2より，日曜日。11月1日は，31÷7=4あまり3より，水曜日。

6 ある年は，あと364日なので，次の年の4月1日は，(364+31+28+31+1)÷7=65
わり切れるので，月曜日。

7 (1)2020年はうるう年なので，366日あります。
3年後は，
(365+366+365)÷7=1096÷7
=156あまり4より，木曜日。

(2)3年後の2021年4月8日から，
1200−1096=104(日後)
4月はあと，30−8=22(日)なので，
104−(22+31+30)=21より，7月21日になります。

 ハイクラス　p.80〜81

1 水曜日

2 27200 m

3 5年後

4 (12月)5日

5 (1)9月，12月　(2)7月16日水曜日

6 37日

7 16日

8 2030年

 とき方

1 11月1日は，11月8日の 8−1=7(日前)で，7月7日から7月31日までは，31−6=25(日)なので，(7+31+30+31+25)÷7=17あまり5
月曜日の5日前なので，水曜日です。

2 6月28日(日曜日)までで4週間，29日は月曜日，30日は火曜日になります。月曜日から金曜日までは，5×4+2=22(日)，土曜日と日曜日は，2×4=8(日)なので，走ったのは，
800×22+1200×8=27200(m)

3 1年後は，366÷7=52あまり2より，金曜。
2年後は，365÷7=52あまり1より，土曜。
3年後は，365÷7=52あまり1より，日曜。
4年後は，365÷7=52あまり1より，月曜。
5年後は，366÷7=52あまり2より，水曜。

4 8月はあと，31−7=24(日)
11月30日は，(24+30+31+30)÷7=16あまり3より，土曜。したがって，12月の最初の木曜日は5日。

5 (1) 2月1日は，31÷7=4 あまり 3 より，日曜日。
3月1日は，28÷7=4 より，日曜日。
4月1日は，31÷7=4 あまり 3 より，水曜日。
5月1日は，30÷7=4 あまり 2 より，金曜日。
6月1日は，31÷7=4 あまり 3 より，月曜日。
7月1日は，30÷7=4 あまり 2 より，水曜日。
8月1日は，31÷7=4 あまり 3 より，土曜日。
9月1日は，31÷7=4 あまり 3 より，火曜日。
10月1日は，30÷7=4 あまり 2 より，木曜日。
11月1日は，31÷7=4 あまり 3 より，日曜日。
12月1日は，30÷7=4 あまり 2 より，火曜日。
よって，9月と12月。

(2) 前年の8月1日から1月31日までは，
31+30+31+30+31+31=184(日) なので，
8月1日より，200−184=16(日前)の，7
月16日。200÷7=28 あまり 4 より，日曜
日の4日前なので，水曜日です。

6 12月22日は4月9日の
(30−9)+31+30+31+31+30+31+30+22
=257(日後)
257÷7=36 あまり 5
あまり 5 日の中に木曜日が1回あるので，
36+1=37(日)

7 最初の土曜日が1日とすると，最後の土曜日は
1+7×4=29(日) となり，積は 60 になりません。
同様に，最初の土曜日が2日とすると最後の土曜
日は 30 日，最初の土曜日が3日とすると最後の
土曜日は 31 日です。積が 60 になるのは，最初
の土曜日が2日のときです。土曜日は，2日，9
日，16日，23日，30日の5回で，第3土曜日
は 16 日となります。

8 365÷7=52 あまり 1
あまりが1なので，2020年2月3日は月曜日で
す。2020年はうるう年なので，
366÷7=52 あまり 2
あまりが2なので，2021年2月3日は水曜日で
す。同じように考えると，2022年2月3日は木
曜日，2023年2月3日は金曜日，2024年2月
3日は土曜日，2024年はうるう年なので 2025
年2月3日は月曜日，2026年2月3日は火曜日，
2027年2月3日は水曜日，2028年2月3日は
木曜日，2028年はうるう年なので 2029年2
月3日は土曜日，2030年2月3日は日曜日です。

19 周期算

1 青
2 (1) 白　(2) 28 こ
3 (1) 3　(2) 165
4 (1)(左から) 16，22，28
(2) 58 cm
(3) 335 だん
5 (1) 36 まい　(2) 8回目　(3) 105 まい

📖 とき方

1 「青，緑，黄，赤」の4つがくり返されているの
で，37÷4=9 あまり 1
「青，緑，黄，赤」が9回と青が1こならぶので，
37番目は青になります。

2 (1)「●●○○○」の5こがくり返されているので，
48÷5=9 あまり 3
「●●○○○」が9回と3この「●●○」がな
らぶので，48番目は白です。
(2)「●●○○○」の中に3こずつと，「●●○」
の1こあるので，
3×9+1=28(こ)

3 (1)「1，2，3，3，2，1」の6つがくり返されて
いるので，82÷6=13 あまり 4
「1，2，3，3，2，1」が13回と「1，2，3，
3」がならぶので，82番目の数字は3
(2)「1，2，3，3，2，1」の和は，
1+2+3+3+2+1=12
「1，2，3，3」の和は，
1+2+3+3=9
したがって，12×13+9=165

4 (1) 1だんで 4 cm，2だん目からは，1だんふえ
るごとに，6 cm ずつふえているので，
3だんは，10+6=16(cm)
4だんは，16+6=22(cm)
5だんは，22+6=28(cm)
(2)(1)より，□だんのとき，4+6×(□−1) cm に
なるので，10だん目の周の長さは，
4+6×(10−1)=58(cm)
(3)□だんならべたときとすると，
4+6×(□−1)=2008
6×(□−1)=2008−4
6×(□−1)=2004
□−1=2004÷6
□−1=334
□=334+1=335(だん)

ポイント まず，表をつくって，ならんでいる数のきまりを見つけます。
□を順に１，２，３，…として，□＋１になっている，□−１になっている，□×□になっている，など。

5 (1) １回目１まい，２回目４まい，３回目９まい，…と，回数×回数がタイルのまい数になることから，6×6=36(まい)

(2) △のタイルは，１回目から順に，１まい，(1+2)まい，(1+2+3)まい，…となるので，36=1+2+3+…+8 より，8回目。

(3) ▼のタイルは，２回目から順に，１まい，(1+2)まい，(1+2+3)まい，…となるので，91=1+2+3+…+13 より，14回目。よって，△のタイルは，1+2+3+…+14=105(まい)

ハイクラス   p.84〜85

1 3
2 33こ
3 4
4 57番目
5 (1)3 (2)0 (3)572行目の１列目
6 (1)49まい (2)596cm

📖 とき方

1 「1，3，5，2，4，6」の６つの数字のくり返しです。596÷6=99 あまり 2 より，596番目の数字は２番目の数字と同じで，3です。

2 「○●○○○●」の６このくり返しなので，100÷6=16 あまり 4
「○●○○○●」の中に２こずつと，「○●○○」の１こあるので，
2×16+1=33(こ)

3 8を１こ，２こ，３こ，……とかけていくと，一の位の数字は「8，4，2，6」のくり返しになります。50÷4=12 あまり 2 より，8を50こかけたときの一の位の数字は8を2こかけたときの一の位の数字と同じで，4です。

4 「1」を第１グループ，「1，2」を第２グループ，「1，2，3」を第３グループ，「1，2，3，4」を第４グループ，……のように分けます。10回目の2は第11グループの2番目に出てくるので，
1+2+3+4+5+6+7+8+9+10+2=57(番目)

5 (1) 10行目の１列目は，7×9+1=64(こ目) の数なので，64÷4=16
わり切れることから，3

(2) 499行目の7列目は，7×499=3493(こ目)
500行目の4列目は，3493+4=3497(こ目)
で，3497÷4=874 あまり 1
あまりが1より，0

(3) 1000番目の1は 4×999+2=3998 より，3998番目の数字です。
3998÷7=571 あまり 1 より，572行目の１列目

6 (1)

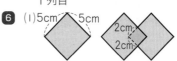

上の図より，正方形１まいの面積は，
5×5=25(cm²)
重なる部分の面積は，2×2=4(cm²) なので，
正方形２まいの面積は，25×2−4=46(cm²)
正方形３まいの面積は，25×3−4×2=67(cm²)
つまり，正方形が１まいふえるごとに面積は，
67−46=21(cm²) ずつふえています。１まい目の正方形の面積を (4+21)cm² とみると，
(1033−4)÷21=49(まい)

(2) 面積と同じように，まわりの長さを考えると，
正方形１まいのまわりの長さは，
5×4=20(cm)
正方形２まいのまわりの長さは，
20×2−2×4=32(cm)
正方形３まいのまわりの長さは，
20×3−2×4×2=44(cm)
つまり，１まいふえるごとに，
32−20=12(cm) ずつふえているので，
20+12×(49−1)=596(cm)

20 集合算

標準クラス   p.86〜87

1 (1)8人 (2)7人 (3)15人
2 0人
3 16人
4 12本
5 (1)15人 (2)5人

📖 とき方

1 (1)

上の図で，ア＋イ＋ウ＝39－9＝30(人)
　　　　イ＝(15＋23)－30＝8(人)
(2)ア＝15－8＝7(人)
(3)ウ＝23－8＝15(人)

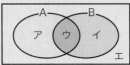

ポイント　集合算のとき方

2つのじょうけんがしめされているとき，
Aのみあてはまる…ア
Bのみあてはまる…イ
ABどちらもあてはまる…ウ
どちらもあてはまらない…エ
が考えられます。これを図にすると，次のような
図になります。

つまり，Aだと答えた人は，ア＋ウ
Bだと答えた人は，イ＋ウとなり，両方にウが重
なっていることになります。
A＋B＝ア＋ウ＋イ＋ウ になり，
A＋B－(ア＋イ＋ウ)＝ウ で，重なっているウが
求められます。

❷
1番ができた人と2番ができた人の和は，
17＋23＝40(人)
両方できた人は10人なので，1問でもできた人
の人数は，40－10＝30(人)
この組の人数は30人なので，両方できなかった
人は，30－30＝0(人)

❸ 動物園へ行きたい人と水族館へ行きたい人の和は，
23＋30＝53(人)
組の人数からどちらにも行きたくない人をのぞく
と，43－6＝37(人)
よって，両方とも行きたい人は，
53－37＝16(人)

❹ 1問でも問題ができた人は，42－3＝39(人)
2問ともできた人をふくむ人数は，
18＋25＝43(人)
よって，2問ともできた人は，43－39＝4(人)
したがって，用意するえん筆の本数は，
3×4＝12(本)

❺ (1)40人のクラスで，国語，算数の少なくとも一
　　 方が60点以上の人は，40－7＝33(人)

よって，両方とも60点以上の人は，
(28＋20)－33＝15(人)
(2)算数が60点以上の人は20人より，算数だけ
が60点以上の人は，両方とも60点以上の
15人をのぞいて，20－15＝5(人)

➡ **ハイクラス**　　　　　　　　　p.88～89

❶ 14人
❷ 12750円
❸ (1)17人　(2)25人
❹ 15人
❺ (1)1人　(2)10人　(3)2人

📖 **とき方**

❶ 少なくとも電車かバスかどちらか一方を利用する
人は，40－8＝32(人)
よって，両方を利用する人は，
(25＋21)－32＝14(人)

❷ 両方へ行った人数は，25＋23－40＝8(人)
山だけに行った人数は，25－8＝17(人)
海だけに行った人数は，23－8＝15(人)
したがって，子ども会が出したお金は全部で，
250×17＋300×15＋500×8＝12750(円)

❸ (1)2つの ⟷ ができるだけ重ならないように図
をかくと次のようになります。
したがって，37＋25－45＝17(人)

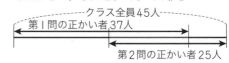

(2)第2問の正かい者が全員第1問も正かいした
とき，もっとも多くなります。
したがって，25人。

❹ 持っている組み合わせは，パソコンとデジタルカ
メラ，パソコンとけい帯電話，デジタルカメラと
けい帯電話の3通りです。
このうち，パソコンを持っている人数が25人で，
3つとも持っている人がいないことから，デジタ
ルカメラとけい帯電話の2つを持っている人の人
数は，40－25＝15(人)

❺ (1)

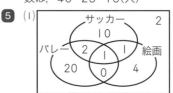

サッカー14人，バレー23人のうち両方は2
人。
絵画6人，バレー23人のうち両方は0人。

バレーの 23 人のうちわけを考えます。
バレー・サッカーが 2 人，バレーだけの人が 20 人，バレー・絵画は 0 人なので，3 つとも希望した人が 1 人とわかります。

(2) サッカーの 14 人のうちわけを考えます。
バレー・サッカーが 2 人，サッカー・絵画が 1 人，3 つともが 1 人なので，サッカーのみは 10 人とわかります。

(3) 絵画の 6 人のうちわけを考えます。
サッカー・絵画が 1 人，3 つともが 1 人，バレー・絵画は 0 人なので，絵画のみは 4 人とわかります。これより，クラブを希望した人は，
10+20+4+2+0+1+1=38(人)
したがって，クラブを希望しなかった人は，
40−38=2(人)

21 和差算

標準クラス　p.90〜91

❶ A 46　B 27
❷ 460 円
❸ 17 cm
❹ 27 才
❺ 78
❻ 2592
❼ 166
❽ 15 cm，20 cm，25 cm

とき方

❶ 右の線分図より，
A=(73+19)÷2
=46
B=73−46=27

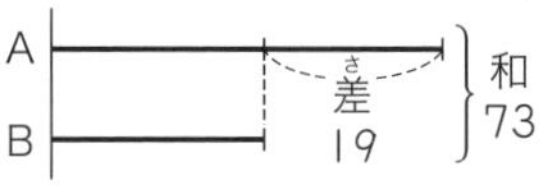

ポイント　和差算のとき方

線分図をかいて考えます。問題をとくときには，線分の長いほうを求めるのか，短いほうを求めるのかで式がちがってきます。
長いほうを求めるとき，(和+差)÷2
短いほうを求めるとき，(和−差)÷2

❷ 右の線分図より，あいさんが持っているのは，
(800+120)÷2=460(円)

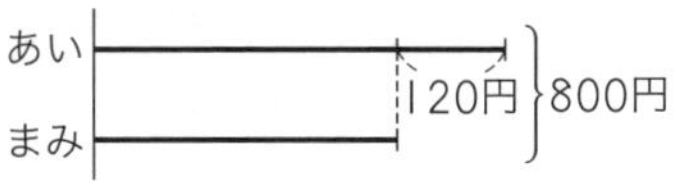

❸ たてと横の長さの和は，
84÷2=42(cm)
たてと横の長さの差は 8 cm なので，たての長さは，(42−8)÷2=17(cm)

❹ A さんは，(42−4)÷2=19(才)
B さんは，19+4=23(才)
D さんは，23−8=15(才)
C さんは，42−15=27(才)

❺ 差は，150÷25=6
和が 150 で差が 6 だから，大きいほうの数は，
(150+6)÷2=78

❻ 正しい答えは 102÷17=6 なので，
小さいほうの数は，(102−6)÷2=48
大きいほうの数は，48+6=54
したがって，48×54=2592

❼ 下の線分図より，㋐は，
(453+20+25)÷3=166

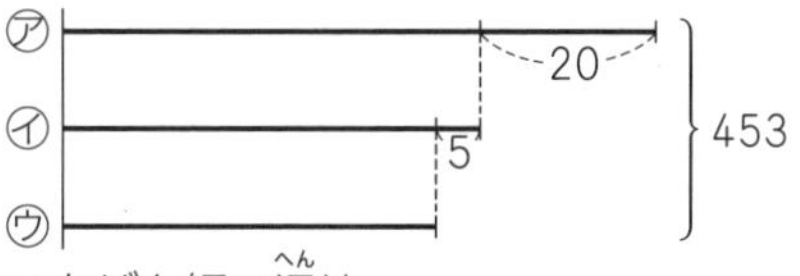

❽ いちばん短い辺は，
(60−5−5×2)÷3=15(cm)
真ん中の長さの辺は，15+5=20(cm)
いちばん長い辺は，20+5=25(cm)

ハイクラス　p.92〜93

❶ 午後 7 時 9 分
❷ 31 人
❸ (1) 13　(2) ア 4　ウ 3　オ 5　キ 8
❹ (1) 6　(2) 4　(3) ア 3　イ 2
❺ A 18　B 22　C 28　D 32

とき方

❶ 昼の長さと夜の長さの和は 24 時間なので，昼の長さは，
(24 時間+4 時間 22 分)÷2=14 時間 11 分
したがって，
4 時 58 分+14 時 11 分−12 時=7 時 9 分

❷ 第 1 問と第 2 問について，両方できた人は 10 点か 4 点になり，8+10=18(人)
どちらかができた人は 8 点か 2 点になり，
12+4=16(人)
その差が 10 人だから，第 1 問ができて第 2 問ができなかった人は，(16+10)÷2=13(人)
したがって，第 1 問のできた人は，
18+13=31(人)

3 (1)イ+カ=エ+ク より，8+12−7=13
(2)オ=(13−3)÷2=5 なので，キ=13−5=8
すると，ア=12−8=4，ウ=8−5=3

4 (1)ア，イ，ウとエの和が 15 で，差が 3 なので，
エ=(15−3)÷2=6
(2)エは 6 なので，①から，
ア+イ+ウ=15−6=9
③から，ア+イ−ウ=7−6=1
したがって，ウ=(9−1)÷2=4
(3)ウ=4，エ=6 なので，①から，
ア+イ=15−4−6=5
④から，ア×イ=144÷(4×6)=6
和が 5，積が 6 になるから，2 つの整数は 3 と 2 で，アのほうがイより大きいので，ア=3，イ=2

5 A と B の差，C と D の差は，(14−6)÷2=4
A=(100−4−10−14)÷4=18
B=18+4=22　C=22+6=28　D=28+4=32

22 つるかめ算

標準クラス

p.94〜95

1 11 さつ
2 80 円のノート 9 さつ
150 円のノート 5 さつ
3 12 こ
4 牛肉 550 g　ぶた肉 300 g
5 6 こ
6 7 こ
7 (1)129 点　(2)14 回

とき方

1 すべて 600 円の参考書を買ったとすると，
600×19=11400(円)
700 円の参考書は，
(12500−11400)÷(700−600)=11(さつ)

> **ポイント** つるかめ算のとき方
> つるかめ算では，全部の数がかたほうだけだったと考えて，実さいの数とのちがいから，それぞれの数量を求めます。

2 150 円のノートは，
(1470−80×14)÷(150−80)=5(さつ)
80 円のノートは，14−5=9(さつ)

3 みかんは，
(110×30−2700)÷(110−60)=12(こ)

4 牛肉とぶた肉の 1 g あたりの代金を求めると，それぞれ，370÷100=3.7(円)，
210÷100=2.1(円)
850 g 全部ぶた肉を買ったとすると，実さいより，2665−2.1×850=880(円) 安いので，牛肉は，880÷(3.7−2.1)=550(g)
ぶた肉は，850−550=300(g)

5 全部 250 こ入りの箱につめたとすると，みかんが，250×18−4200=300(こ) 多くなります。
200 こ入りの箱は，300÷(250−200)=6(こ)

6 240 円のシュークリームばかり 20 こ買ったときの代金は，240×20=4800(円)
箱代をのぞく実さいの代金は，
5500−140=5360(円) だから，その差は
5360−4800=560(円)
これを 1 この代金の差 320−240=80(円) でわって，買ったケーキのこ数は，560÷80=7(こ)

7 (1)100+13×3−5×(5−3)=129(点)
(2)全部負けたとすると，100−5×20=0(点)
負けた分を勝ちに置きかえると，5+13=18(点) ふえるので，勝ったのは，252÷18=14(回)

ハイクラス

p.96〜97

1 なし 11 こ　りんご 34 こ
2 15 こ
3 30 円 2 こ　40 円 3 こ　50 円 5 こ
4 16 こ
5 (1)12 こ　(2)20 こ
6 (1)えん筆 3 本　ボールペン 4 本
(2)(B 君)えん筆 5 本　ボールペン 1 本
サインペン 4 本
(C 君)えん筆 1 本　ボールペン 7 本
サインペン 2 本

とき方

1 500 円の箱をのぞくと，5000−500=4500(円)
全部りんごを買うと考えると，なしのこ数は，
(4500−90×45)÷(130−90)=11.25(こ)
こ数は整数なので，なしは 11 こ。
りんごのこ数は，45−11=34(こ)

2 全部こわさないで運んだときの運賃は，
7×600=4200(円)
実さいの運賃との差が 4200−3945=255(円)
なので，こわしたグラスの数は，
255÷(7+10)=15(こ)

3 買ったこ数の多い順に表に表して調べます。

50円のあめ(こ)	7	6	5	5
40円のあめ(こ)	2	3	4	3
30円のあめ(こ)	1	1	1	2
代 金 (円)	460	450	440	430

4 赤玉と青玉が15こずつとすると，数字の合計は，
(3+4)×15=105
赤玉と青玉1こずつを黄玉2こにかえると，数字の合計は，5×2-(3+4)=3 より，3ふえます。
したがって，(129-105)÷3=8 より，赤玉と青玉の組を8組黄玉と入れかえればよいから，
2×8=16(こ)

5 (1)(2280-90×20)÷(130-90)=12(こ)
(2)Cばかり50こ買ったときの代金は，
90×50=4500(円)
ここから，AとBのこ数を「1こずつ」，「2こずつ」，……とふやしていって，代金の合計の変わり方を調べると次のようになります。

A	0こ	1こ	2こ	……
B	0こ	1こ	2こ	……
C	50こ	48こ	46こ	……
合計	4500円	4620円	4740円	……

AとBのこ数を1こずつふやすごとに代金の合計が120円ずつふえるので，代金の合計が6300円になるときのAとBのこ数は，
(6300-4500)÷120=15(こ) ずつです。
したがって，Cのこ数は，50-15×2=20(こ)

6 (1)460-80×3=220(円) 10-3=7(本)
全部えん筆を買ったとすると，20×7=140
(円)なので，ボールペンは，
(220-140)÷(40-20)=4(本)
えん筆は，7-4=3(本)
(2)B君がサインペンをいちばん多く買っているので，5本，4本の場合を考えます。5本の場合，残りが，460-80×5=60(円)で，えん筆とボールペンをあわせて5本買えないので，B君のサインペンは4本とわかります。
B君のえん筆とボールペンのねだんは，
460-80×4=140(円)
本数は，10-4=6(本)です。この6本すべてをえん筆とすると，20×6=120(円)なので，B君のボールペンは，
(140-120)÷(40-20)=1(本)
B君のえん筆は，6-1=5(本)
C君がサインペンを2本，1本の場合を考えます。2本の場合，残りが，460-80×2=300

(円)で，10-2=8(本)
8本すべてをえん筆とすると，20×8=160(円)
ボールペンは，(300-160)÷(40-20)=7(本)
えん筆は，8-7=1(本)
1本の場合，残りは，460-80=380(円)で，
10-1=9(本)
9本すべてをボールペンとしても，
380-40×9=20(円)残ってしまい，あてはまりません。

23 過不足算

標準クラス　　　　　　　　　　p.98～99

1 45 cm
2 42こ
3 (1)13人　(2)120本
4 100こ
5 子ども5人　カード35まい
6 (1)16人　(2)11900円

とき方

1 右の図から，
15-3=12(cm)が
リボン2本分とわかります。

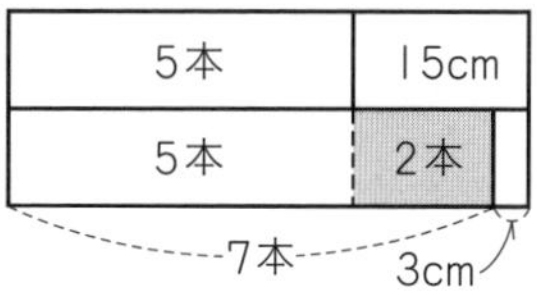

5本	15cm
5本	2本

7本　　3cm

12÷2=6(cm)
もとのリボンの長さは，6×5+15=45(cm)
2 5こずつ配ると，最後の1人は2こになるということは，5-2=3(こ) 不足することです。
差の合計は，6+3=9(こ)
子どもの人数は，9÷(5-4)=9(人)
みかんの数は，4×9+6=42(こ)

ポイント 過不足算のとき方

一定の人数に品物を分けたとき，そのあまりや不足から，人数や品物のこ数を求めるような問題は，次のようにします。
あまりや不足の数量から人数を求めるには，
人数=全体の差÷配った差
このとき，全体の差は次のような場合があります。
㋐2回とも不足するとき
　不足の差=不足-不足
㋑1回があまり，1回が不足するとき
　あまりと不足の合計=あまり+不足
㋒2回ともあまるとき
　あまりの差=あまり-あまり

31

❸ 数量の関係を面積
図で表します。

(1) 9本ずつ配る
と3本あまって、
12本ずつ配る
と36本たりな

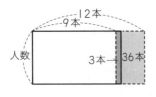

いことから、全体の差は、3+36=39(本)
1人に配った本数の差は、12−9=3(本)
子どもの人数は、39÷3=13(人)

(2) 9×13+3=120(本)

❹ 8こずつ分けると
20こ不足して、
7こずつ分けると
5こ不足すること

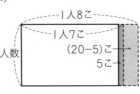

から、全体の差は、
20−5=15(こ)
1人分の差は、8−7=1(こ)
子どもの人数は、15÷1=15(人)
おはじきの数は、8×15−20=100(こ)

❺ 9まいずつだと
10まい不足し、
7まいずつだとち
ょうど配れること
から、

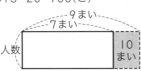

9−7=2 より、
2まい×人数=10まい
人数は、10÷2=5(人)
まい数は、7×5=35(まい)

❻ (1)右の図のように、
900−100
=800(円)
これは、50円
多く集めたから
なので、人数は、
800÷50=16(人)

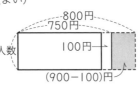

(2) 800×16−900=11900(円)

➡️ **ハイクラス**　　　　　　　p.100〜101

❶ (1)13箱　(2)88こ

❷ 4さつ

❸ 200こ

❹ 3100g

❺ (1)9人　(2)109こ

❻ 162本

📖 **とき方**

❶ (1)「2箱あまる」ということは「2箱分のこ数が

不足している」ということです。全体の差は、
10+8×2=26(こ)
1箱分の差は、8−6=2(こ)
したがって、箱の数は、26÷2=13(箱)

(2)6×13+10=88(こ)

❷ 1人に配るノートのさっ数の差が、
7−2=5(さつ)
全員に配るノートのさっ数の差は
48+72=120(さつ) なので、子どもの数は、
120÷5=24(人)
ノートの数は 2×24+48=96(さつ)
したがって、96÷24=4(さつ) ずつ配ると、ち
ょうど同じ数ずつ分けることができます。

❸ ほしくない11人にも7こずつ配ったときの全体
の差は、(7×11+17)−10=84(こ)
クラス全員の人数は、84÷(7−5)=42(人)
したがって、5×42−10=200(こ)

❹ 180gずつ配ろうとすると2人に配れないので、
180×2=360(g)
さらに、1人に40gしか配れないから、
180−40=140(g)
つまり、360+140=500(g) 不足ということを
表しています。差の合計は、100+500=600(g)
このことから、人数は、
600÷(180−150)=20(人)
スープは全部で、150×20+100=3100(g)

❺ (1)大人を3人ふやして子どもと同じ人数にして、
大人1人と子ども1人を1組にして考えます。
(6+3)こ 配ると、37−3×3=28(こ) あまり
ます。
(9+5)こ 配ると、2+5×3=17(こ) 不足しま
す。
子どもの人数は、
(28+17)÷(14−9)=45÷5=9(人)

(2)6×9+3×6+37=109(こ)

❻ 「男子に5本ずつ、女子に3本ずつ配ると6本あ
まる」ことから、男女に配る本数を1本ずつへら
して、「男子に4本ずつ、女子に2本ずつ配る」
とさらに40本あまるので、合計46本のえん筆
があまることになります。これと、「男子に4本
ずつ、女子に5本ずつ配るには20本たりない」
ことから、女子の人数は、
(46+20)÷(5−2)=22(人)
男子の人数は、40−22=18(人)
したがって、はじめに用意したえん筆の数は、
5×18+3×22+6=162(本)

24 分配算

標準クラス　p.102～103

❶ (1) 3倍　(2) けんじ 840円　まさと 420円
❷ (1) 4倍　(2) 姉 168こ　妹 56こ
❸ ゆうな 26こ　妹 7こ
❹ 兄 21こ　弟 8こ
❺ いつき 3000円　兄 7000円
❻ A 22500円　B 60500円

─── 📖 とき方 ───

❶ (1)
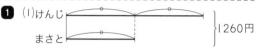

この図から，1260円はまさとさんのおこづかいの3倍だとわかります。
(2) まさとさんのおこづかいは，
1260÷3=420(円)
けんじさんのおこづかいは，420×2=840(円)

❷ (1)
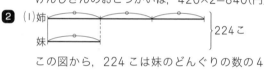

この図から，224こは妹のどんぐりの数の4倍だとわかります。
(2) 妹のどんぐりの数は，224÷4=56(こ)
姉のどんぐりの数は，56×3=168(こ)

❸
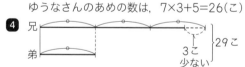

この図から，33こから5こをひいた数は妹のあめの数の4倍と同じになるとわかります。
妹のあめの数は，(33-5)÷4=7(こ)
ゆうなさんのあめの数は，7×3+5=26(こ)

❹
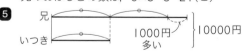

この図から，29に3をたした数は弟のおはじきの数の4倍と同じになることがわかります。
弟のおはじきの数は，(29+3)÷4=8(こ)
兄のおはじきの数は，8×3-3=21(こ)

❺
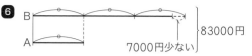

この図から，10000円から1000円をひいた金がくがいつきさんのおこづかいの3倍と同じになることがわかります。いつきさんのおこづかいは，
(10000-1000)÷3=3000(円)
兄のおこづかいは，3000×2+1000=7000(円)

❻

この図から，83000円に7000円をたした金がくが，Aの金がくの4倍と同じになることがわかります。
Aの金がくは，(83000+7000)÷4=22500(円)
Bの金がくは，22500×3-7000=60500(円)

ハイクラス　p.104～105

❶ 185円
❷ 20こ
❸ 兄 1200円　さくら 1000円　妹 500円
❹ 兄 1200円　まさお 900円　弟 300円
❺ A 390　B 17
❻ A 210円　B 85円　C 405円
❼ 21こ
❽ 26こ

─── 📖 とき方 ───

❶
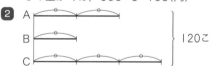

図から，Cの3倍は，
650-(30+35)-30=555
Cの金がくは，555÷3=185(円)

❷

図から，Bの 2+1+3=6(倍) が120こであることがわかります。
Bのこ数は，120÷6=20(こ)

❸
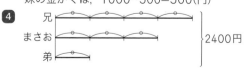

図から，さくらさんの金がくの3倍は，
2700-200+500=3000(円)
さくらさんの金がくは，3000÷3=1000(円)
兄の金がくは，1000+200=1200(円)
妹の金がくは，1000-500=500(円)

❹
兄
まさお
弟
2400円

図から，弟の 4+3+1=8(倍) が2400円であ

ることがわかります。
弟の金がくは，2400÷8=300(円)
まさおさんの金がくは，300×3=900(円)
兄の金がくは，300×4=1200(円)

5 A÷B=22 あまり 16 なので，A=B×22+16
AとBの和が 407 で，AはBの 22 倍より 16 大きいので，
B=(407−16)÷(22+1)=17
A=407−17=390

6
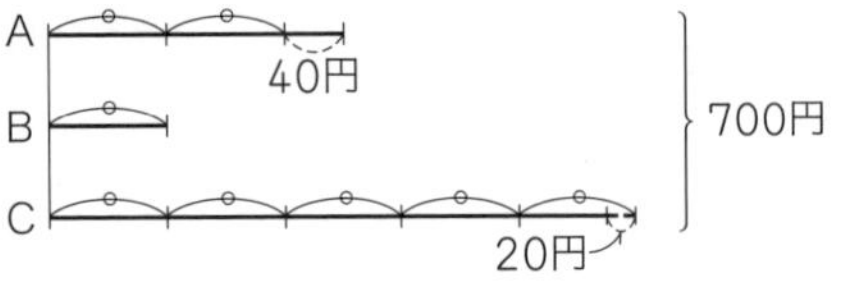

図から，Bの 2+1+5=8(倍) は，
700−40+20=680(円)
Bの金がくは，680÷8=85(円)
Aの金がくは，85×2+40=210(円)
Cの金がくは，85×5−20=405(円)

7 みかんをもとにして考えます。
なしは，「みかんの3倍より6こ少ない」です。
りんごは，「なしの2倍より3こ多い」ので，みかんの6倍より 12 こ少ないこ数より3こ多いことから，「みかんの6倍より9こ少ない」となります。
したがって，みかんの数の 1+3+6=10(倍) は，
75+6+9=90(こ)
みかんの数は，90÷10=9(こ)
なしの数は，9×3−6=21(こ)

8
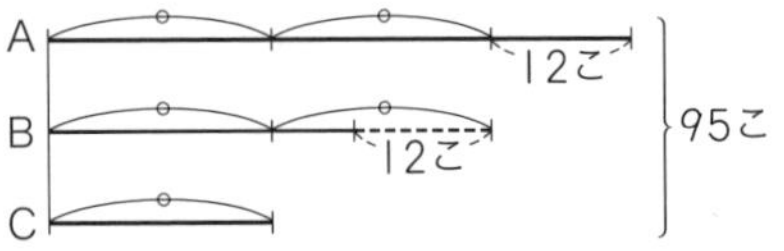

図からCの 2+2+1=5(倍) が 95 こであることがわかります。
Cは，95÷5=19(こ)
Bは，19×2−12=26(こ)

25 年れい算

標準クラス p.106〜107

1 13年後
2 (1) 4年後　(2) 2年前
3 13年後
4 7年後
5 14才
6 18才
7 9才

とき方

1 お母さんの年れいがはなこさんの年れいの2倍になったときの図をかくと，次のようになります。
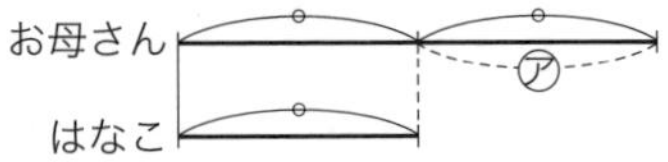

はなこさんとお母さんの年れいの差は何年たっても変わらないので，上の図の㋐は，33−10=23(才) したがって，このときのはなこさんの年れいは 23 才なので，23−10=13(年後)

2 (1) 父の年れいが子どもの年れいの4倍になったときの図をかくと，次のようになります。
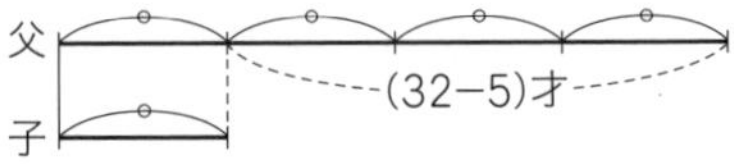

図から，このときの子どもの年れいは，
(32−5)÷(4−1)=9(才)
したがって，9−5=4(年後)
(2) 父の年れいが子どもの年れいの 10 倍のときの子どもの年れいは，
(32−5)÷(10−1)=3(才)
したがって，5−3=2(年前)

3 1年ごとに，2人の子どもの年れいの和と母親の年れいとの差は1才ずつちぢまります。したがって，40−(15+12)=13(年後)

4 1年ごとに，3人の子どもの年れいの和と母の年れいとの差は2才ずつちぢまります。したがって，{42−(14+8+6)}÷2=7(年後)

5 20 年後の2人の年れいの合計は，
62+20×2=102(才)
父の年れいはむすめの年れいの2倍なので，20 年後のむすめの年れいは，
102÷(2+1)=34(才)
現在のむすめの年れいは，34−20=14(才)

6 5年前の2人の年れいの和は，
72−(5+5)×2=52(才)
A君の5年前の年れいは，52÷(3+1)=13(才)
A君の現在の年れいは，13+5=18(才)

7
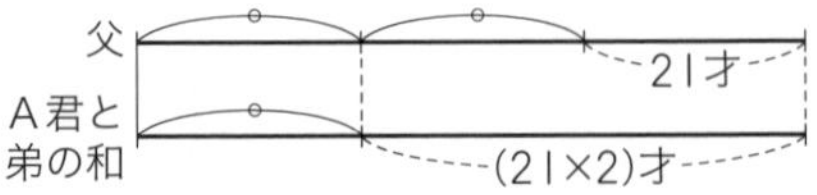

図から，現在のA君と弟の年れいの和は，
21×2−21=21(才)
A君と弟の年れいの和は 21 才で差は3才なので，弟の年れいは，(21−3)÷2=9(才)

1 9才

2 33才

3 (1)6年後　(2)34才

4 (1)13年後　(2)4才

5 (1)3人　(2)70才　(3)8才

--- とき方 ---

1 5年後の父とむすめの年れいの合計は，
46+5×2=56(才)
5年後のむすめの年れいは，
56÷(3+1)=14(才)
現在のむすめの年れいは，14−5=9(才)

2
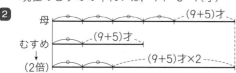
図から，5年前のむすめの年れいの2倍は，
(9+5)×2−(9+5)=14(才)
5年前のむすめの年れいは，
14÷2=7(才)
5年前の母の年れいは，
7×4=28(才)
したがって，28+5=33(才)

3 (1)いまのA君の年れいは，60÷(1+4)=12(才)
いまのお父さんの年れいは，
60−12=48(才)
お父さんの年れいがA君の3倍になるときのA
君の年れいは，(48−12)÷(3−1)=18(才)
したがって，18−12=6(年後)

(2)いまのお兄さんの年れいは，12+2=14(才)
1年ごとに，A君とお兄さんの年れいの和とお
父さんの年れいとの差は1才ずつちぢまります。
したがって，A君とお兄さんの年れいの和とお
父さんの年れいが等しくなるのは，
48−(12+14)=22(年後)
そのときのA君の年れいは，12+22=34(才)

4 (1)
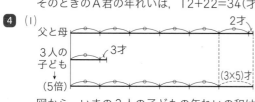
図から，いまの3人の子どもの年れいの和は，
3×5−2=13(才)
いまの父と母の年れいの和は，13×6=78(才)
父と母の年れいの和が，3人の子どもの年れい
の和の2倍になるときの図をかくと次のように

なります。
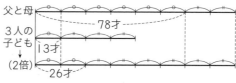
したがって，(78−26)÷4=13(年後)

(2)3人の子どもの年れいの和が13才で，兄は
妹より5つ年上です。下の表より，妹は2才，
兄は7才，じろう君は4才になります。

妹	0	1	2	3
兄	5	6	7	8
じろう	8	6	4	2

5 (1)4+5=9(年)で，家族の年れいの合計が
129−84=45(才) ふえているので，
45÷9=5 より，5人家族です。
子どもの人数は，5−2=3(人)

(2)4年後の家族の年れいの合計は，
84+4×5=104(才)
4年後の子どもの年れいの合計は，
104÷(3+1)=26(才)
4年後の両親の年れいの合計は，
26×3=78(才)
現在の両親の年れいの合計は，
78−4×2=70(才)

(3)現在の子どもたちの年れいの合計は，
84−70=14(才)
次男の年れいは三男の2倍，長男の年れいは三
男の 2×2=4(倍) なので，現在の三男の年れ
いは，
14÷(4+2+1)=2(才)
現在の次男の年れいは，2×2=4(才)
現在の長男の年れいは，4×2=8(才)

1 (1)8こ　(2)40こ

2 (1)25　(2)39

3 (1)15人　(2)9人　(3)52こ

4 月曜日

--- とき方 ---

1

(1)5+3=8(こ)

(2) A=(133−5−8)÷3=40(こ)

② (1) 5×5=25

(2) 各だんの右はしの数は，そのだんの数を２回かけた数になります。

6だん目の右はしは，6×6=36

7だん目の左から３番目は，36+3=39

③ (1) ３種類のくだもののもらい方は，次の６通りになります。

A…みかん２こ　B…りんご２こ　C…かき２こ

D…みかんとりんご　E…みかんとかき

F…りんごとかき

㋐より，Aは11人

㋒より，同じくだものをもらった人は，

80−39=41(人)

そのうち，みかんの人は11人で，㋑より，B，Cが同じ数なので，(41−11)÷2=15(人)

(2) ㋓より，かきをもらった人は41人なので，かきをもらっていない人は，80−41=39(人)

A，Bより，Dは，39−(11+15)=13(人)

みかんとりんごは同じ数で，りんごを２こもらった生徒がみかんを２こもらった生徒より４人多いことから，みかんとかきの組み合わせEはりんごとかきの組み合わせFより，4×2=8(人)多い。

EとFの和は，80−11−15−15−13=26(人)

Fは，(26−8)÷2=9(人)

(3) Eは，9+8=17(人)

みかんは，11×2+13+17=52(こ)

④ 最初の木曜日と，第２週の火曜日，第３週の木曜日，第４週の火曜日との日にちの差は，それぞれ5日，14日，19日なので，最初の木曜日の日にちは，

(54−5−14−19)÷4=4(日)

したがって，この月の１日は月曜日。

チャレンジテスト⑧

p.112〜113

① まゆ３m　ゆい６m　みか１m

② 289 cm²

③ (1) 34才　(2) 2才

④ 41人

⑤ (1) 18分　(2) 22分

とき方

①

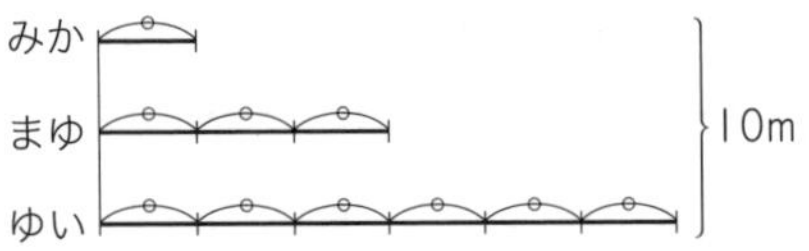

まゆさんは，ゆいさんの $\frac{1}{2}$ もらう。

→ゆいさんは，まゆさんの２倍もらう。

みかさんは，ゆいさんの $\frac{1}{6}$ もらう。

→ゆいさんはみかさんの６倍もらう。

このことから，みかさんをもとにして考えると，まゆさんはみかさんの３倍，ゆいさんはみかさんの６倍になるので，みかさんは，

10÷(1+3+6)=1(m)

まゆさんは，みかさんの３倍の３m，ゆいさんは，６倍の６mもらいます。

② 正方形にすることから，折り紙の正方形が横に４まい，たてに４まいならびます。のりしろが１cmより，大きい正方形の１辺の長さは，

5×4−1×3=17(cm)

求める面積は，17×17=289(cm²)

③ (1) 父は母より８才上で，父は母といちろう君の年れいの和より４才上です。

したがって，いちろう君の年れいは，

8−4=4(才)

母は，4×6+2=26(才)

父は，26+8=34(才)

(2)

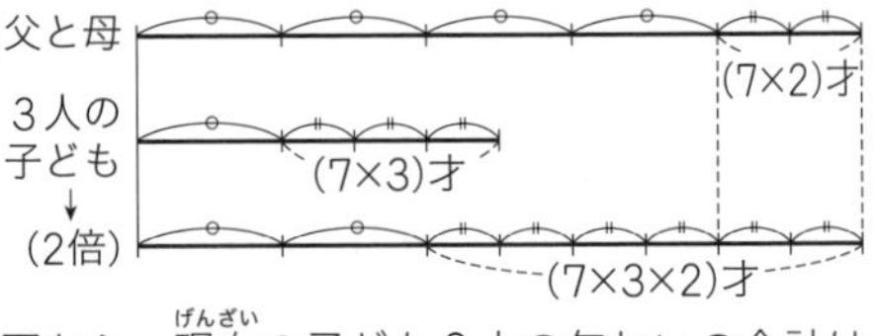

図から，現在の子ども３人の年れいの合計は，

(7×3×2−7×2)÷2=14(才)

下の表より，花子さん４才，兄８才，弟２才になります。

花子	1	2	3	4	5
兄	2	4	6	8	10
弟	11	8	5	2	×

④ 右の図で，

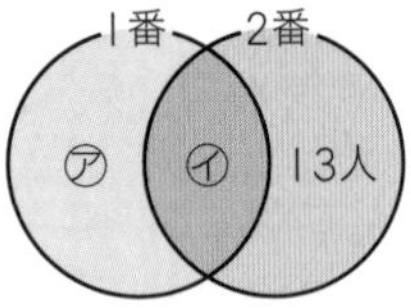

㋐+㋑の人数は，

87−13=74(人)

㋐のとく点は，３点

㋑のとく点は，2+3=5(点)

２番だけできた人の合計点は，2×13=26(点)

㋐と㋑の合計点は，314−26=288(点)

残り74人がすべて㋑とすると，実さいの合計点との差は，5×74−288=82(点)

㋐の人数は，82÷(5−3)=41(人)

⑤ (1) １周するのにかかる時間は，

2×5+3×5+4×4=41(分)

A駅からG駅まで時計回りのほうが反時計回り

より５分早く着くので、
(41−5)÷2=18(分)
(2) A駅からH駅まで時計回りのほうが早く着くので、G駅からH駅までは２分。
E駅からG駅まで 18−10=8(分) なので、E駅からF駅までと、F駅からG駅まではどちらも４分。
F駅からH駅までは、4+2=6(分)
A駅からK駅まで10分で、N駅からL駅まで６分なので、A駅からN駅とK駅からL駅までは２分。
H駅からK駅までは、
41−(18+2)−10=11(分)
H駅からK駅までに４分の区間が２つあり、４分の区間は４つであることからL駅からN駅までの６分は３分ずつです。
4+2+11+2+3=22(分)

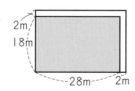

そう仕上げテスト① p.114～115

① １人80cmずつで、5cm残る。
② (1) 504 m²
　　(2) 989 m²
③ 751.743
④ 10こ
⑤

回	1	2	3	4	5
Ａさん	○	○	×	○	×
Ｂさん	×	○	○	○	○

⑥ (1)

5	6	7
12	15	18

　　(2) 27こ
　　(3) 31こ
　　(4) △=(□−1)×3　(△=3×□−3)

📖 とき方

① ４m85cm=485cm
485÷6=80 あまり 5
② (1) 道を上と右に集めて、畑の部分を長方形にして、面積を求めます。
18×28=504(m²)
③ いちばん大きい数は、753.1
いちばん小さい数は、1.357
差は、753.1−1.357=751.743
④ 数字で書くと、次のようになります。

5004700000000
0の数は、10こです。
⑤ Bさんが１回目に失敗しているので、Aさんは、１回目、２回目に失敗していることはありません。
しかし、Bさんのほうが成功数が多いことから、Aさんは２回以上失敗する必要がありますが、続けて失敗できないから２回だけです。
このことから、３回目と５回目が失敗になります。
⑥ (1) １辺の数より１こ少ないと考えて、どの辺も同じ数として３倍すると、まわりの数になります。
　　(2) １辺が10こより、10−1=9(こ) として考えると、
9×3=27(こ)
　　(3) ご石が90こで、３つの辺があるので、
90÷3=30(こ)
そして、１を加えて、それぞれの辺は31こです。

そう仕上げテスト② p.116～117

① 33.6 km
② (1) 8.26　(2) 0.49
③ 45000人以上54999人以下
45000人以上55000人未満
④ 48こ
⑤ 7こ
⑥ (1) 2 5/7 時間　(2) 4 3/7 時間

📖 とき方

① 2.8×12=33.6(km)
② (1) ある数を□とすると、
□×17=140.42
　□=140.42÷17
　□=8.26
　　(2) 正しい計算は □÷17 なので、
8.26÷17=0.485…
小数第三位を四捨五入すると、0.49
③ 以下と未満に気をつけて答えましょう。
④ 弟の取ったこ数は、60÷(4+1)=12(こ)
お兄さんの取ったこ数は、
12×4=48(こ)
⑤ マッチぼうは、はじめの三角形だけは３本使うが、次からは２本ずつで三角形をつくることができます。
(15−3)÷2+1=7(こ)

[6] (1) $\frac{3}{7}+2\frac{2}{7}=2\frac{5}{7}$(時間)

(2) $2\frac{5}{7}+1\frac{5}{7}=3\frac{10}{7}=4\frac{3}{7}$(時間)

そう仕上げテスト③

p.118〜120

[1] (1) 3　(2) 37

[2] 19 年後

[3] 8 こ

[4] 204 点

[5] 132°

[6] (1) 1000 cm²

(2) 赤 30 cm　青 60 cm

黄 70 cm

[7] (1) 50 こ　(2) 84 こ

(3) 181 こ　(4) 23 こ

とき方

[1] (1) [4]−[7]=4×4−(7×2−1)=3

(2) Ⓐ=[5]+[8] となるから,

A×2−1=5×2−1+8×8=73

A×2=73+1=74

A=74÷2=37

[2] 父と母の年れいの和と，わたしと妹の年れいの和の差(さ)は,

(40+36)−(10+9)=57(才)

この差は一定なので，父と母の年れいの和が，わたしと妹の年れいの和の2倍になるときは，わたしと妹の年れいの和が 57 才になるときです。

また，1年後に年れいの和は2才ふえるから,

(57−19)÷2=19(年後)

[3] 20+4=24(こ)

24÷(8−5)=8(こ)

[4] 両方できた人は，7+3=10(点)

7×13+3×11+10×8=204(点)

[5] 180°−48°=132°

[6] 直径(ちょっけい) 10 cm のボールがたてに2こならぶことから，箱の高さは 20 cm，たてと横は 10 cm になります。

(1) 正方形2まいの面積(めんせき)は,

10×10×2=200(cm²)

長方形4まいの面積は,

20×10×4=800(cm²)

全体の面積は，200+800=1000(cm²)

(2) 赤のひごは，エウ，クキ，オカの3本使います。

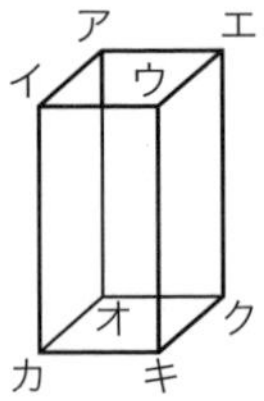

10×3=30(cm)

青のひごは，アエ，イウの2本とイカ，アオの2本使います。

10×2=20(cm)

20×2=40(cm)

あわせて，20+40=60(cm)

黄のひごは，アイ，オク，カキの3本とエク，ウキの2本使います。

10×3=30(cm)

20×2=40(cm)

あわせて，30+40=70(cm)

[7] (1) 10×10÷2=50(こ)

(2) 白い石と青い石を同じ数ずつとりのぞくと，真ん中に白い石が1こ残(のこ)ります。

(13×13−1)÷2=84(こ)

(3) (361−1)÷2=180(こ)

180+1=181(こ)

(4)

1辺(こ)	20	21	22	23		
1辺(こ)	20	21	22	23		
計	400	441	484	529		

(265−1)×2=528(こ)

528+1=529(こ)

□×□=529 になる□を見つけると,

□=23